本书由云南省石林奶山羊产业科技特派团项目资助

编写人员

主　编　杨林富　代飞燕　徐红平　常　华

副主编　段博芳　喻永福　李继明　朱　芸
　　　　　倖华林　黄艾祥　项　勋　徐　宁

参　编（按姓氏笔画排序）：
　　　　　王　康　田志敏　朱芳贤　刘影波
　　　　　李　茜　李天祥　李学德　杨　志
　　　　　杨　起　余长林　张俊雄　赵海燕
　　　　　胡钟仁　相德才　施娅楠　倖金林
　　　　　董晓竹

审　稿　段　纲　朱春贤　邹丰才

圭山山羊

发掘及利用

杨林富 代飞燕 徐红平 常华 主编

中国农业出版社
北　京

图书在版编目（CIP）数据

圭山山羊发掘及利用 / 杨林富等主编. -- 北京：
中国农业出版社，2025.4. -- ISBN 978-7-109-32883
-9

Ⅰ. S827

中国国家版本馆 CIP 数据核字第 2025FP1836 号

圭山山羊发掘及利用

GUISHAN SHANYANG FAJUE JI LIYONG

中国农业出版社出版

地址：北京市朝阳区麦子店街 18 号楼

邮编：100125

责任编辑：张艳晶

版式设计：杨 婧　责任校对：赵 硕

印刷：中农印务有限公司

版次：2025 年 4 月第 1 版

印次：2025 年 4 月北京第 1 次印刷

发行：新华书店北京发行所

开本：720mm×960mm　1/16

印张：11

字数：185 千字

定价：58.00 元

前　言

　　圭山山羊以云南省昆明市石林彝族自治县（以下简称"石林县"）圭山山脉为集散中心而命名，又名路南奶山羊，是在当地特定的自然气候和生产方式下，经过长期自然选择和人工选育而成的优良乳肉兼用型地方山羊品种，具有适应性好、抗病力强、耐粗饲、善攀爬的特点。圭山山羊主要分布于昆明市石林县、宜良县，还散布于曲靖市陆良县、师宗县，以及红河哈尼族彝族自治州弥勒市、泸西县。圭山山羊饲养历史已有 2 800 多年，古代彝族叙事诗歌《尼迷诗》中的"阿尼生得美，阿尼很勤劳，上山能放羊，绣花蝴蝶飞"，就是描述公元前 8 世纪"哎哺"时期当地就有饲养山羊的生产活动。1982 年圭山山羊被编入《云南省家畜家禽品种志》；1986 年圭山山羊被云南省畜牧局列为地方优良品种；2002 年云南省畜牧兽医研究所通过实施圭山山羊胚胎移植技术，加快了保种选育进程；2009 年圭山山羊获得中华人民共和国农业部农产品地理标志认证；2011 年"石林乳饼"获得中华人民共和国农业部农产品地理标志认证；2011 年圭山山羊被评为云南"六大名羊"之首；2015 年"圭山山羊"获国家市场监督管理总局注册商标；2021 年圭山山羊被

1

列入《国家畜禽遗传资源品种名录》。2022 年石林县圭山山羊及其杂交羊存栏约 10 万只，是当地乡村振兴的重要产业，也是畜牧业健康可持续发展的重要物质基础。

本书由云南省石林奶山羊产业科技特派团牵头，联合省内有关专家撰写而成。书中系统介绍了圭山山羊的历史起源、品种特征、保种选育、饲料营养、饲养管理、疫病防治、羊场建设与环境控制、开发利用、品牌建设等内容，可为从事圭山山羊教学、科研、饲养、产品加工的人员提供参考。需要说明的是，本书在写作过程中参阅了部分专家学者的相关资料，由于篇幅未能一一列出，在此深表歉意和感谢。

由于对圭山山羊的研究仍然不够深入，加之作者水平有限，书中不足之处恳请读者和同行专家批评指正。

编　者

2024 年 10 月

目录

第一章
圭山山羊品种起源与形成过程

第一节　产区自然生态条件

一、地理位置

石林县位于云南省东部、昆明市东南部，东南与红河哈尼族彝族自治州泸西县毗邻，东北与曲靖市陆良县接壤，南与红河哈尼族彝族自治州弥勒市相邻，西北与昆明市宜良县相连。地理坐标为：北纬 24°30′—25°03′、东经 103°10′—103°41′，县境东西最宽 57.3 km，南北最长 58.8 km，县域面积 1 719 km²，属昆明市所辖的远郊县，距昆明市 78.07 km，圭山山羊在石林县各乡镇均有分布。

二、地形地貌

石林县地处云南高原之滇东喀斯特南部，往西为滇中红色高原，往东、往南过盘江进入滇东南峰丛洼地喀斯特区。在中国三大阶梯地势中，石林处于第二阶梯面上。此处高原起伏和缓，切割轻微，最低点海拔 1 530 m，最高山峰海拔 2 601 m。境内地势东北高、西南低。

石林县境内地貌类型按山地、丘陵和坝区（盆地和洼地）、河谷划分，其结构占比是：山地占 69%，丘陵占 15.2%，坝区占 14.7%，河谷占 1.1%。石林、石芽主要出露在盆地、洼地、河谷附近和高原面上。主要山脉有圭山、杨梅山、九蟠山、打羊山、大佛山，东部是地面起伏和缓的圭山山脉杨梅山脉，西部是土肥水好的巴江坝子，中部是林立岩溶的文笔山脉。

三、气候条件

石林县地处低纬高原，属低纬度高原季风气候，干湿分明。冬春半年（11月至翌年 4 月）为干季，夏秋半年（5—10 月）为雨季。石林县具有"冬无严寒、夏无酷暑、干湿分明、四季如春"的气候特点。全年平均日照时数 2 015.2 h，年平均气温 18.2℃。年平均降水量为 519.0 mm，降水时间集中在 5—10 月，占全年降水量的 88%。年平均蒸发量 2 097.7 mm。全年无霜期 252 d。

四、植被情况

石林县森林总面积 7.45 万 hm²，森林覆盖率达 34.56%；森林主要分布在山区，其中圭山森林覆盖率达 80%，分布着多样的森林植被，多是受高原亚热带季风影响形成的半湿常绿阔叶林，主要是滇青冈、清香木、黄毛青冈等构成的群落植被。随着圭山地势的起伏，草坪也分成数台，颇具情趣。尤其是每逢入春和盛夏时节，植物种类颇丰，可达 460 余种，其中三叶草、彩叶草、滇紫草、石斛和龙胆草等草花争相开放，灿烂纷呈。

五、物产情况

石林县耕地面积 5.79 万 hm²，土壤主要是红壤和黄棕壤。土壤 pH 5.5～7.0，微酸性，疏松、透气、排水良好，主产玉米、大麦、小麦、荞麦、杂豆等粮食经济作物，是全国奶山羊生产基地和云南省生猪基地县。

2021 年，石林县粮食作物播种面积 3.34 万 hm²，粮食总产量 15.54 万 t；蔬菜播种 1.06 万 hm²，产量 36.72 万 t；园艺花卉种植面积 0.26 万 hm²，产量 6.41 亿枝（株、盆）；水果种植面积 1.59 万 hm²（其中人参果 1.04 万 hm²），产量 32.16 万 t。家禽出栏 2 353.7 万只；生猪存栏 25.54 万头，出栏 22.6 万头；牛存栏 3.54 万头，出栏 1.73 万头；山羊存栏 14.84 万只，出栏 10.3 万只；肉类总产量 7.22 万 t，禽蛋总产量 1 985 t，奶类总量 3.56 万 t。

六、人文历史

春秋战国时期，石林县境为古滇人居住地。西汉元鼎六年（公元前 111 年），设立谈稿县。唐代，地方政权南昭国时期，属陇堤县。宋朝，大理国时期，属路甸县。元初置为落蒙万户府，其辖地达弥勒、陆良及师宗等地。至元十三年（1276 年），元政府设立云南行省调整政区之机，将落蒙万户府削弱为州，并命名为路南州，下辖邑市和弥沙二县，隶属于澄江路。元二十四年（1287 年），并弥沙入邑市县，路南州领邑市县。明因元制，仍设路南州，隶属于澄江府。明弘治三年（1490 年）废县入州。清代仍袭明制。民国二年（1913 年）废州设县，路南始称路南县。先隶滇中道，后废道隶于省，民国三十七年（1948 年）又隶于第三行政督察专员公署，1950 年属宜良专区，1954 年属曲靖专区。1956 年成立路南彝族自治县，至 1958 年被裁并入宜良，1964 年始恢复路南彝族自治县建制，仍隶属于曲靖专区。1984 年路南彝族自治县划归昆明市管辖。1998 年更名为石林彝族自治县。

截至 2021 年年底，石林县辖鹿阜街道、石林街道、板桥街道、圭山镇、长湖镇、西街口镇和大可乡 7 个乡镇（街道），巴江社区、昌乐社区、东城社区、东海子社区、大屯社区、小乐台旧社区、大乐台旧社区、南门社区、西北社区、龙泉社区、东门社区、北大村社区和板桥社区 13 个社区，83 个行政村，384 个自然村，534 个村（居）民小组。居住着汉族、彝族、白族、哈尼族、壮族、傣族、苗族和回族等 26 个民族。少数民族占总人口的 35.8%。

截至 2015 年年底，石林县共有各级非物质文化遗产名录项目 79 项，2001 年 3 月云南石林世界地质公园被中华人民共和国国土资源部授予首批国家地质公园称号，是世界上唯一位于亚热带高原地区的喀斯特地貌风景区，是首批中国国家重点风景名胜区、中国国家地质公园、世界地质公园。石林世界地质公园遍布岩溶峰林群，奇石拔地而起、千姿百态、巧夺天工，被誉为"天下第一奇观"。

圭山国家森林公园坐落于石林县最高峰圭山，山高地阔，气象万千。因雄奇险秀的山峦形若大海龟隆起的背部而得名"老龟山"，后改译音为"老圭山"，当地彝语称"构波玛"，意为"大雁的山"。圭山森林覆盖率达 80%，分布着多样的森林植被，多是受高原亚热带季风影响形成的半湿常绿阔叶林。

第二节　品种形成的历史过程及分布

山羊是人类最早驯化的家养动物之一，为早期人类提供了重要的肉食资源、奶、羊毛和毛皮，在社会发展过程中扮演了一个重要的角色。山羊养殖是我国西南地区草食畜牧业的重要组成部分,它在农村经济发展中具有不可替代的作用。由于西南地区地理环境复杂,以丘陵、山地为主,区内河川众多,相互隔离,形成了相对封闭的小环境,再加上气候湿润,无霜期长,雨量充沛,农作物丰富,牧草繁多,有适合山羊生长发育的条件。长期的自然选择形成了目前区内具有浓郁地方特色、形态各异、产品丰富多样的山羊品种和类群。

圭山山羊因以圭山山脉为分布带而得名,又名路南奶山羊,是一个优良的乳肉兼用型山羊地方品种,已有2 800多年饲养历史。古代彝族叙事诗歌《尼迷诗》中的"阿尼生得美,阿尼很勤劳,上山能放羊,绣花蝴蝶飞"就是描述公元前8世纪"哎哺"时期当地饲养山羊的生产活动。

圭山山羊具有适应性强、发病少、耐粗饲、能攀食灌木嫩叶、既产奶又产肉等优良特性。清光绪年间《路南州乡土志》有"养牛羊家以其乳做饼,其法用手挤牛羊乳,瓦罐装之,以小布袋滤于釜中,煮令沸,酸汤点之,分汁后用帕包,分压遂成,名曰'乳饼'"的记载。1917年《路南县志》记载:"乳饼用羊乳酸化为之,为此方之特产……年约出境万余斤。"民国时期《路南县地志》记载:"牛羊乳制成饼后即曰乳饼,产东区上、下蒲草两村……,每年生产约万余斤,每斤约三角至四角,销往省城及邻县。"

1982年,圭山山羊被编入《云南省家畜家禽品种志》;1986年,圭山山羊被云南省畜牧局列为地方优良品种;1990年,全国第三次奶山羊生产学术会议上圭山山羊的利用被赞誉为"路南模式";2002年,在云南省畜牧兽医研究所的帮助支持下,实施了圭山山羊胚胎移植技术,加快了圭山山羊保种选育进程;2009年,圭山山羊获得中华人民共和国农业部农产品地理标志认证;2011年,"石林乳饼"获得中华人民共和国农业部农产品地理标志认证;2011年,圭山山羊被评为云南"六大名羊"之首;2015年,"圭山山羊"获国家市场监督管理总局注册商标;2021年,圭山山羊被列入《国家畜禽遗传资源品种名录》。

2022年,圭山山羊主要分布于昆明市石林县、宜良县,散布于曲靖市陆良县、师宗县以及红河哈尼族彝族自治州弥勒市、泸西县。在石林县境内主要分布于圭山山脉、杨梅山脉和文笔山脉一带,养殖区域遍布鹿阜街道办事处、石林街道办事处、板桥街道办事处、长湖镇、西街口镇、圭山镇及大可乡等。2022年石林县山羊存栏133 476只,其中圭山山羊及其杂交羊100 040只,占比74.95%;其他品种奶山羊33 436只(表1-1)。

表 1－1　2022 年石林县各乡镇山羊存栏情况表

单位：只

乡（镇、办）	山羊存栏总数	圭山山羊及其杂交羊	其他品种奶山羊
鹿阜街道办事处	26 003	16 638	9 365
石林街道办事处	21 444	13 994	7 450
板桥街道办事处	8 785	6 303	2 482
长湖镇	30 079	25 992	4 087
西街口镇	18 906	15 096	3 810
圭山镇	17 393	13 103	4 290
大可乡	10 866	8 914	1 952
合计	133 476	100 040	33 436

第二章
圭山山羊品种特征和生产性能

第一节　圭山山羊体型外貌

　　圭山山羊原始种群外貌特征一般为头小额宽，耳小鼻直，眼大有神，颈部扁浅，鬐甲高而稍宽。胸宽深而稍长，背腰平直，腹大充实，尻部稍斜，四肢结实，蹄坚实呈黑色。骨架中等，体躯丰满，近于长方形。公母羊皆有须、有角，梳子角占 7.80%，排角占 86.52%，前向螺旋角占 5.67%。全身黑色毛者占 70.21%，头、颈、肩、腹部棕色毛者占 21.28%，全身棕色毛者占 7.09%，青毛者占 1.42%。被毛粗短富有光泽，皮肤薄而有弹性，10% 有肉垂（图 2-1）。母羊乳房圆大紧凑，发育中等。公羊睾丸大，左右对称。

图 2-1　成年圭山山羊

　　经过选育的圭山山羊优良种群，外貌特征与原始种群基本一致，但体型更加高大匀称，两耳短而直，被毛多为短粗黑亮。母羊乳房更加圆大紧凑，发育优良。公羊颈部毛长，雄性特征显著。选育后公、母羊体型外貌形态见图 2-2、图 2-3。

图 2-2　圭山山羊成年公羊　　　　图 2-3　圭山山羊成年母羊

第二节　圭山山羊生活生理特性

圭山山羊喜干燥、爱清洁，活动能力强，喜跑跳、爱登高、易斗。在舍内，山羊喜欢在高处站、卧及休息；在山上，其他家畜上不去的岩石陡坡，甚至悬崖峭壁，圭山山羊都能行走自如。它们能用两后肢直立，充分采食较高位的藤刺灌丛牧草。圭山山羊食性广，特别喜食树枝嫩叶，在一天当中，其采食的树叶占总采食量的 90%。圭山山羊唾液腺分泌量大，对植物中单宁酸有中和解毒作用，保证了能大量采食富含蛋白质的树叶，并有效地对其进行消化、吸收和利用，而不受单宁毒副作用的影响。

圭山山羊身体素质强，具备较高抗逆性，抗病力强。从海拔 1 700 m 的坝区至 2 600 m 的山区都有分布，既能适应寒冷的冬天，又能适应酷热的夏天。农村散养山羊厩舍建造简单，基本上是敞开式的，圭山山羊均能够适应。

圭山山羊耐粗饲，胃肠消化机能强，草料主要是农作物秸秆和野生饲草。不但农村盛产的玉米秸秆、麦类秸秆、豆科秸秆、人参果秸秆等多种农作物秸秆都可以作为饲草，而且善于采食野生饲草，尤其是攀食灌木嫩叶枝芽的能力很强，可保证获得较其他家畜多而好的饲料，满足其营养需要。

经过选育的圭山山羊优良种群保留了大部分原有习性，抗逆性及耐粗饲等优良性能得以保留，但性格相对温和，好斗性降低，更有利于规模化圈养（图 2-4）。

图 2-4　圭山山羊优选种群规模圈养

第三节　圭山山羊生长性能

圭山山羊生长性能优良，与云南其他地方品种山羊相比，其体型最大，其体高、体长、胸围、胸深和臀高均显著大于龙陵黄山羊、马关无角山羊、昭通山羊、云岭山羊和临沧长毛山羊等云南地方品种山羊。

圭山山羊不同阶段的生长特点是羔羊长骨、壮羊长肉、成年羊长膘。从出生至断奶阶段，由于骨骼生长相对较快，所以体长、体高增长较快，而体重增长相对较慢。从断奶至 1.5 岁，肌肉生长相对较快，体重增长也较快。1.5 岁以后，生长发育转缓，体高、体长增长较少，囤积脂肪较快。圭山山羊单胎公羔初生重（2.63±0.51）kg，断奶重（16.57±3.55）kg；双胎公羔初生重（2.47±0.38）kg，断奶重（15.90±2.55）kg；单胎母羔初生重（2.33±0.46）kg，断奶重（16.50±1.02）kg；双胎母羔初生重（2.27±0.12）kg，断奶重（15.40±3.77）kg（表 2-1）。

成年公羊体重（48.63±6.41）kg，体长（71.47±5.50）cm，肩高（68.27±3.94）cm，尻高（68.27±3.90）cm，胸围（80.53±8.16）cm，十字部宽

（15.07±2.12）cm，管围（8.76±0.36）cm；成年母羊体重（39.52±10.49）kg，体长（65.74±7.02）cm，肩高（58.47±2.38）cm，尻高（59.30±3.58）cm，胸围（74.40±4.87）cm，十字部宽（14.13±1.58）cm，管围（7.35±0.44）cm（表2-2）。

表2-1　圭山山羊羔羊不同阶段体重

单位：kg

类别	初生重	断奶重
单胎公羔	2.63±0.51	16.57±3.55
双胎公羔	2.47±0.38	15.90±2.55
单胎母羔	2.33±0.46	16.50±1.02
双胎母羔	2.27±0.12	15.40±3.77

注：数据来自云南鑫德顺畜牧有限公司。

表2-2　圭山山羊成年公羊、母羊体重及体尺

类别	体重 （kg）	体长 （cm）	肩高 （cm）	尻高 （cm）	胸围 （cm）	十字部宽 （cm）	管围 （cm）
成年公羊	48.63±6.41	71.47±5.50	68.27±3.94	68.27±3.90	80.53±8.16	15.07±2.12	8.76±0.36
成年母羊	39.52±10.49	65.74±7.02	58.47±2.38	59.30±3.58	74.40±4.87	14.13±1.58	7.35±0.44

注：数据来自云南鑫德顺畜牧有限公司。

第四节　圭山山羊繁殖性能

圭山山羊公、母羊4月龄开始有性行为，初配年龄在12～18月龄；经过选育的圭山山羊由于生长速度加快，10月龄体重达到30 kg以上者可初配。母羊发情季节一般在春秋两季，因此，生产上都是春配秋生或秋配春生，发情周期在18～21 d，妊娠期145～152 d。圭山山羊产双羔的母羊数量占能繁母羊的48%左右，产三羔的母羊数量占能繁母羊的3.9%左右，产羔率155%左右，公、母羊利用年限为5～7年，长者可达10年。优选圭山山羊第一胎产双羔的母羊可占能繁母羊的48%，第二胎以后可达90%左右；产三羔的母羊数量占能繁母羊的3.9%左右，产羔率约为200%。公、母羊利用年限为9～10年，长者可达12年。圭山山羊母羊及新生羔羊见图2-5。

图 2-5 圭山山羊母羊及新生羔羊

第五节 圭山山羊肉用性能

一、肉质性状

(一) 羊肉颜色

羊肉颜色是评价羊肉质量的重要指标之一，其颜色情况决定肉质的营养价值。山羊肉色一般呈暗红色，其颜色暗红程度与品种、性别、年龄、饲养方式、屠宰部位有关。影响因素主要是肌肉中肌红蛋白含量不同，肌红蛋白含量越高，颜色越深。

一般来说，山羊肉色比绵羊肉色深，圭山山羊肉色比波尔山羊肉色深。这可能与圭山山羊可在高海拔地区生存和其极强的运动能力相关。公羊肌肉中肌红蛋白含量比母羊高，故而公羊肉色比母羊肉色相对较深。年龄大的山羊肉中沉积的肌红蛋白比年龄小的山羊肉要多，故而羊肉颜色相对较深。放牧山羊比舍饲山羊运动量大，肌肉更发达，肌红蛋白沉积量较多，氨基酸沉积量也就较多，故而肌肉颜色也相对较深。一般臀部肌肉比腹部肌肉颜色深，头部、颈部、四肢的肌肉颜色比体躯肌肉颜色深，这也是肌肉颜色较深部位比肌肉颜色较浅部位运动量相对较大，肌红蛋白沉积较多的原因。

日常生活中，颜色较深的羊肉味道更香，就是因为肌肉中肌红蛋白沉积量更多，所以市场上销售的成年羯羊肉、成年公羊肉价格相对较高，放牧山羊肉价格也相对较高。圭山山羊也因其肌肉颜色较其他山羊肉色更深、味道更香，售价相对高 20%～30%。

（二）羊肉嫩度

嫩度影响羊肉口感和内在质量，是评价羊肉优劣的主要指标之一，也是影响消费者接受程度的重要因素。山羊肉嫩度一般用剪切力大小来衡量，剪切力越大，嫩度越差。

影响羊肉嫩度的主要因素是肌纤维粗细和结缔组织质地，其与体格、性别、年龄、肌肉部位有关。一般来说，山羊体格越大，肌纤维越粗，羊肉嫩度越差；年龄越大，肌纤维越粗，羊肉嫩度越差；承重越大的部位，结缔组织越多，羊肉嫩度越差；公羊肉肌纤维较粗，羊肉嫩度比母羊较差。圭山山羊属于肉奶兼用型品种，剪切力值在 26～35N，属于嫩度相对较好的羊肉。

（二）羊肉 pH

pH 是评价羊肉酸碱度的直接指标，也是评价羊肉品质的重要指标。pH 测定时间有宰后 45 min 测定和 0～4℃ 保存 4 h 后测定两个时间点，圭山山羊在第二个时间点下测定，pH 为 5.7 左右。

山羊屠宰后 pH 会急剧下降的原因是机体处于缺氧状态，肌肉内糖原分解转变以无氧糖酵解为主，糖原分解终产物乳酸积累在肌肉内，最终导致 pH 下降；当下降至极限 pH 时，不再下降而会有所上升。动物屠宰前受刺激而产生的应激反应会使糖原过度分解，在 pH 还没有下降到极限时就分解完，致使肌肉乳酸积累过多而影响肌肉品质。

（四）羊肉系水力

系水力又称为保水性和持水性，是评价羊肉的一个重要指标。

系水力可以用失水率、滴水损失和吸水率表示。失水率越低、滴水损失越少、系水率越高，说明肉样系水力越强，肉质相对较好。圭山山羊失水率一般为 1.8%～2.5%，羊肉品质相对较好。

（五）羊肉肌纤维

圭山山羊背长肌肌纤维直径为 82.20 μm，股二头肌肌纤维直径为 95.32 μm。

二、屠宰性能

由表 2-3 可知，成年公羊宰前活重为（41.48±3.84）kg，胴体重（17.94±2.03)kg，屠宰率（43.16±0.90)%。成年母羊宰前活重为（36.64±3.71）kg，胴体重（15.05±2.09）kg，屠宰率（41.09±1.57)%。成年羯羊宰前活重（51.48±5.66）kg，胴体重（23.74±3.48）kg，屠宰率（45.94±1.71)%。

经优选优育的圭山山羊种群，成年公羊屠宰率可达（54.75±0.90)%、成年母羊屠宰率可达（55.5±0.57)%、成年羯羊屠宰率可达（52.64±0.98)%。

表 2-3　圭山山羊屠宰性能

类别/指标	宰前活重（kg）	胴体重（kg）	屠宰率（%）
成年公羊	41.48±3.84	17.94±2.03	43.16±0.90
成年母羊	36.64±3.71	15.05±2.09	41.09±1.57
成年羯羊	51.48±5.66	23.74±3.48	45.94±1.71

注：数据来自云南鑫德顺畜牧有限公司。

第六节　圭山山羊泌乳性能

圭山山羊泌乳期一般为 5～6 个月，长者可达 7 个月。其产乳量随饲养管理、胎次及产乳期长短而有所不同，变化很大。一般除哺乳羔羊外，一个哺乳期产乳 45～90 kg，盛产期日产乳 0.5～1.0 kg，乳脂率一般为 5% 左右。

经过优选的圭山山羊泌乳期为 6～7 个月，除哺乳羔羊外，一个哺乳期产乳 160～180 kg。经测定，每 100 g 乳汁中乳脂含量（3.68±0.21）g，乳蛋白含量（3.82±0.47）g，乳糖含量（5.29±0.11）g，固体总物质（13.98±1.58）g，非乳脂固体（10.17±1.24）g。

第三章
圭山山羊品种保护

第一节　品种保护概况

一、畜禽遗传多样性保护意义

畜禽多样性是生物多样性的重要组成部分，其在组成上可划分为三个层次，包括畜禽遗传多样性、物种多样性和生态系统多样性。我国幅员辽阔，地形、地貌、自然生态条件等地域差异显著，造就了非常丰富的畜禽多样性资源。然而近年来，由于畜禽外来品种的引入、高产品种的培育、社会经济生产的变革等因素的作用，造成了许多长期进化形成的物种处于濒危甚至灭绝状态，以致我国畜禽遗传资源流失的确切数量难以统计，带来的损失难以弥补。我国畜禽品种数量逐渐减少和消失的问题日渐突出，引起了国家有关管理部门和行业专家的高度重视。当前，我国畜禽遗传资源保护主要采取两种方式：即原地保护和异地保存，保护遗传资源包括多个层面：即活体、细胞、文库和基因。我国先后开展了畜禽品种资源的活体保种、精子和胚胎的冷冻保存。活体保种通过在资源原产地建立资源保种场和保护区的方式进行活体保存。生物技术、繁殖技术和基因工程的发展，为畜禽保护提供了新途径，如冷冻精液、冷冻胚胎和基因保存。

群体遗传学认为影响群体基因频率改变的主要因素有突变、选择、迁移、遗传漂变和近交。随机保种理论的中心即是控制群体近交系数的上升，尽量避免群体中的任何基因由于随机遗传漂变而丢失。因此可采用以下措施：使保种畜群中公母数量尽可能相等或保持适当的公母比例，以增加群体的有效含量，减少遗传漂变的影响；尽可能避免保种群内近交，控制近交系数上升，以减慢基因纯和率的上升；建立专用的保种场，实行随机交配及各家系等量留种，避免选择；应用现代技术延长世代间隔，通过减少畜群周转来减缓品种变化的速度。

我国是世界上生物多样性最丰富的国家之一，同时亦是生物多样性受威胁最严重的国家之一。我国当前的家养动物种质资源面临的形势十分严峻，生物保护研究和实践日益受到重视。为保护生物多样性，国家制定了一系列的保护法规，并建立了各种保护区，对我国生物多样性保护起到了重要作用。

家畜地方品种及其多样性是畜牧业发展的物质基础，是家畜品种不断适应新的需要而进行改造的原材料库。家畜地方品种的保护和有效、合理、持续利用是畜牧业持续发展的重要前提，对畜牧业结构调整和促进农村经济的快速发展具有重大战略意义，而优良地方品种是在千差万别的生态条件下经过长期的自然选择和人工选育形成的产物，不仅具有较强的抗逆性和明显的经济特征，而且高度纯化，遗传性相对稳定，是家畜品种资源基因库的重要组成部分，也由于从寒带到热带雨林气候特征和明显的地理垂直性，极大丰富了基因库多样性基因类型，为育种研究、生物多样性研究、基因工程研究等基础性研究提供了良好的原始材料。如果不认真加以保护，任其自生自灭或盲目地进行杂交乱配，必然造成品种资源的破坏，甚至出现枯竭危机，动摇畜牧业发展的基础。

二、圭山山羊品种资源保护现状

圭山山羊由于在民间自然繁殖过程中多是群内留种，存在近亲繁殖的问题，已经出现个体变小、生产性能下降等现象。为了改变这种状况，云南农业大学、云南省畜牧兽医科学院、石林彝族自治县动物疫病预防控制中心、石林博润科技服务有限公司等在联合实施云南省科技计划"石林奶山羊产业发展科技特派团"项目过程中，把圭山山羊种质资源保护作为重点工作内容，开展了圭山山羊品种资源调查。

石林彝族自治县农业农村局划定圭山镇、长湖镇为圭山山羊保种区，制订了保种区管理措施，并争取县政府及有关部门支持，安排了专项经费支持农户种公羊交换工作，以解决农户散养圭山山羊血缘近亲问题。目前保护区涉及两个镇12个村委会2 000多农户，饲养圭山山羊5万多只。保种区制订了相关管理措施：一是引导农户开展母羊整群选优去劣，选留优秀个体，淘汰外貌特征性状不明显、生长状况差、生产性能低下，以及老弱病残的母羊；二是改变群内留用种公羊的习惯，推广异地调换种公羊，解决羊群近亲繁殖的问题；三是保种区农户引进其他山羊品种改良后的山羊，只能舍饲，禁止与圭山山羊混牧，以阻止放牧过程中公羊乱交乱配造成保种区圭山山羊血缘混杂；四是加强保种区圭山山羊饲养管理，提高其生长性能和生产性能；五是建立保种区企业集中养殖及农户散养圭山山羊档案，作为保种区圭山山羊品种改良的基础材料。

石林彝族自治县动物疫病预防控制中心还牵头争取了云南省农业农村厅立项支持的"石林圭山山羊良种场建设"项目。该项目运营主体为云南鑫德顺畜牧有限公司，位于石林街道办事处北大村，占地 $4.47\,hm^2$，有高床羊舍 $6\,500\,m^2$、饲料库房 $320\,m^2$、检疫检验室 $20\,m^2$、配种室 $30\,m^2$，并有办公室、会议室、员工宿舍等管理用房 $400\,m^2$，还有青贮池、粪便处理池、病死羊只尸体处理池等无害化处置设施。

第二节　保种目标

一、保护种群数量

石林彝族自治县农业农村局在圭山山羊品种资源保护区和保种场计划保护圭山山羊原始种群 15 个以上，在云南鑫德顺畜牧有限公司种羊场培育优良家系 8 个以上。

二、保种性能指标

石林彝族自治县动物疫病预防控制中心在多年的科研与生产实践中，结合圭山山羊的生物学特性和农村生产实际，建立了保种区理想型圭山山羊的体型、外貌、生长性能和生产性能指标体系，其体重和体尺标准见表 3-1。

表 3-1　理想型圭山山羊体重和体尺标准

年龄阶段	体重（kg）	肩高（cm）	尻高（cm）	体长（cm）	胸围（cm）	管围（cm）
初生公羔（单）	2.8					
初生公羔（双）	2.6					

（续）

年龄阶段	体重（kg）	肩高（cm）	尻高（cm）	体长（cm）	胸围（cm）	管围（cm）
初生母羔（单）	2.6					
初生母羔（双）	2.5					
断奶公羔	15.0	48	50	54	67	7.5
断奶母羔	13.0	45	46	50	61	7
周岁公羊	38.0	63	64	66	78	8.5
周岁母羊	33.0	60	61	62	74	8
成年公羊	60.0	73	70	76	88	9
成年母羊	48.0	65	66	71	85	8.5

第三节　保种措施

一、种羊选择

1976—1978 年，云南省畜禽品种资源普查过程中对圭山山羊品种属性概括为肉乳兼用型，在后来多年的保种和选育过程中将肉用与乳用性能明确区分开培育。但生产实践中，圭山镇、长湖镇等边远山区的农户散养山羊以肉用为主，石林街道办事处、鹿阜街道办事处、板桥街道办事处、西街口镇及大可乡的农户集中养殖的山羊以乳用为主。在选择母羊过程中，农户对肉用型种羊和乳用型种羊已经有一些实践经验，而圭山山羊选育目标应该在用途上确定肉用和乳用两个方向，才能充分发挥圭山山羊品种资源优势。为此，种羊外貌特征定性选择指标如下：

1. **肉用山羊**　外貌特征表现为前、后躯体发达，前、中、后躯的长度趋于相等，四肢短直，颇有"敦实"之感，整个体躯近似于长方形。头短而宽，颈短而粗，垂肉多，胸部宽深，肋骨开张。背部和臀部宽广。皮肤柔软、有弹性，皮下脂肪多，各部位肌肉丰满。概括起来就是"五宽五厚"，即：额宽、颈宽、胸宽、背宽、尻宽，颊厚、垂厚、肩厚、肋厚、臀厚。

2. **乳用山羊**　外貌特征表现为后躯比前躯发达，体躯呈三角形，皮薄骨细，背毛短而有光泽，肌肉发育适度，皮下脂肪少，体质健壮结实，体态优美。头狭长清秀，颈部细长、垂肉少。胸宽深，背腰垂直，腹部圆大而不下垂。臀部宽、长、方、平。四肢端正、结实匀称。乳房大，乳腺发育良好，四个乳区匀称；乳头大小、长短适中，呈圆柱形，排列整齐。乳静脉粗大弯曲，乳井粗大明显。可以概括为"三宽三大"，即：背腰宽、腰角宽、后裆宽，腹围大、骨盆大、乳房大。

二、选配方法

选配方法是畜禽品种资源保护的重要技术措施。为防止圭山山羊在民间自然繁殖过程中群体内部进行留种，导致近亲繁殖问题的出现。在开展圭山山羊品种资源保护过程中，应认真落实远缘改良措施，尽量采取异地换种。在圭山山羊保种区可以引导农户分阶段到外地购买种公羊。目前几个主要分布县均有圭山山羊原始种群，保种区可在县、乡、村畜牧部门指导下有计划地到外地选购种公羊，实现圭山山羊品种资源的可持续利用。西街口镇保种区，在石林县范围内选购第一代种公羊可以延续 5 年，到宜良县范围内选购第二代种公羊又可以延续 5 年，到陆良县范围内选购第三代种公羊再延续 5 年，到师宗县范围内选购第四代种公羊再延续 5 年，到弥勒市范围内选购第五代种公羊再延续 5 年，就可以解决 25 年的近亲繁殖问题。加上繁育场培育家系和科研单位的遗传资源保护措施，圭山山羊品种资源就可以实现持续利用。

同时，选择良种圭山山羊需做到"三选"：一选健康健壮的育成羊和 1～2 岁的成年种羊。二选体型外貌好的种羊。种公羊要求雄性特征明显，头大额宽，眼睛有神，采食灵敏，四肢健壮，颈粗胸宽，躯体结实，睾丸大，左右对称；种母羊要求躯体清秀，头颈细长，四肢健壮，后躯宽大，乳房大圆，乳头大小适中，分布均匀。三选泌乳性能好的奶山羊。根据个体性状、系谱档案、后裔测定、综合指数和线性外貌等方法进行良种山羊的选种工作。

三、保种方式

（一）建立圭山山羊保种区

圭山山羊保种区建设是圭山山羊产业可持续发展的基础工作和前提条件。这是一个系统工程，实施过程中不但要有先进的繁殖技术做引导，还要以法律法规及行政措施作为保障。

在技术措施上，主要抓好异地选购种公羊和母羊整群工作。异地选购种公羊是解决圭山山羊近亲繁殖问题的重要技术措施，要落实两个方面的具体工作：一是督促圭山山羊养殖户淘汰群内留下的种公羊，尽快解决近亲繁殖问题；二是有计划地到其他乡镇乃至邻近县区选购种公羊。母羊整群是提高圭山山羊品种纯度的重要技术措施，要保留圭山山羊外貌特征明显、生长发育良好、生产性能高的个体母羊，淘汰外貌特征不明显、生长发育低下、生产性能低的个体母羊。

在行政措施上，石林县农业农村相关部门应把圭山山羊品种资源自然保护区建设管理作为重要工作内容，积极争取国家、省、市有关部门立项支持种羊购置经费和技术推广经费，积极争取县、乡、村三级领导支持，建立领导责任制和技术人员包村包户责任制。只有做到"有钱扶持，有人办事"，保种工作才能落到实处。

在法律措施上，建议石林彝族自治县人大常委会制定颁布《石林彝族自治县圭山山羊品种资源保护区管理办法》，明确圭山山羊养殖企业、合作社、农户的责任义务，明确县、乡、村各级政府机构的职责，明确圭山山羊品种资源保护的县级财政资金和扶持办法。县农业农村局、市场监督管理局在贯彻落实国家、省、市、县有关法律法规过程中，要结合实际抓好圭山山羊品种资源保护工作。

（二）建立圭山山羊保种场

圭山山羊保种场建设是提高圭山山羊品种质量的重要工作，也是圭山山羊产业链建设的重要环节，技术措施主要是收集圭山山羊原始种群和开展圭山山羊提纯复壮工作。"收集原始种群"就是要从农村散养的羊群中选购圭山山羊外貌特征明显、生长发育良好、生产性能高的个体。"提纯复壮"就是对保有的原始种群进行"选优去劣"，选留圭山山羊外貌特征明显、生长发育良好、生产性能高的个体，淘汰外貌特征不明显、生长发育低下、生产性能低的个体。目前已经批准建设的云南省级保种场已在石林县内有传统饲养圭山山羊的5个乡镇选购了520只遗传性状显著、生长发育良好的圭山山羊，共10个原始种群，预计选育8个优良家系。

（三）保存圭山山羊冷冻精液

保存冷冻精液也是圭山山羊遗传资源保护的重要措施。冷冻精液制作过程主要有以下几个步骤：第一步，采集品种纯度高、身体健康的公羊精液；第二步，检查精液质量，要求肉眼观察精子活动有云雾、色泽乳白色或乳黄色，嗅觉气味略有腥味，镜检精子活力大于 70％；第三步，稀释后装管密封；第四步，液氮冷冻保存；第五步，解冻输精。

近几年，云南畜牧兽医科学院在建立云南地方优良畜禽品种基因库过程中，采集了省级保种场的部分圭山山羊精液，制作了 2 500 支冻精。

（四）开展圭山山羊胚胎保存

山羊胚胎保存是对母羊进行同期发情处理和超数排卵处理，再进行人工授精或者本交，以供体羊发情日为 0 d，在 5.5～7 d 用手术法从子宫回收胚胎，经过胚胎质量鉴定和分级后采用 Cryotop 玻璃化法冷冻，胚胎可以长期超低温（－196℃）保存。云南省畜牧兽医科学院、石林彝族自治县农业农村局、云南鑫德顺畜牧有限公司在联合开展圭山山羊遗传物质制作过程中，已经成功制作了一批圭山山羊胚胎，长期保存于云南畜禽品种资源基因库。

第四节 品种登记与建档

中华人民共和国农业农村部颁布的《畜禽标识和养殖档案管理办法》，对加强畜禽标识和养殖档案管理、建立畜禽及畜禽产品可追溯制度、有效防控重大动物疫病、保障畜禽产品质量安全及规范畜牧业生产经营行为具有指导作用。

《畜禽标识和养殖档案管理办法》（以下简称《办法》）包括畜禽标识管理、养殖档案管理、信息管理和监督管理几个方面。《办法》规定畜禽养殖场应当建立养殖档案，内容包括畜禽的品种、数量、繁殖记录、标识情况、来源和进出场日期；饲料、饲料添加剂等投入品和兽药的来源、名称、使用对象、时间和用量等有关情况；检疫、免疫、监测、消毒等情况；畜禽发病、诊疗、死亡和无害化处理情况及畜禽养殖代码等。县级动物疫病预防控制中心为畜禽养殖场和畜禽散养户建立畜禽防疫档案，包括名称、地址、畜禽种类和数量等详细信息。

在实施石林圭山山羊遗传资源保种区建设过程中，石林彝族自治县农业农村局开展了保种区养殖户登记和羊群建卡等档案管理工作，云南鑫德顺畜牧有限公司也建立了完善的种羊档案。

第四章
圭山山羊品种选育与繁殖

第一节　生殖生理

良种繁育是养羊生产中的关键环节，合理利用羊的生殖生理特点可以提高养羊的质量和产量，提高养殖户的经济效益。

一、初情期

在动物初情期，一系列复杂的身体发育和神经内分泌活动开始激活促性腺激素释放，使得促性腺激素分泌增强，性腺发育完成，从而获得生殖能力，即出现初情期。在性发育过程中，环境和代谢因子的神经内分泌调控起着重要作用，但实际上这些因子是在遗传因素控制的基础上发挥作用的。

山羊初情期出现的早晚，可因气候、品种和营养等多种因素不同而不同。一般来说，山羊的初情期为4～8月龄。石林气候温和，日照时间长，圭山山羊对营养需求低，生殖激素的合成与释放顺利，生殖器官发育正常，所以圭山山羊初情期出现较早，大多为4～5月龄。

二、性成熟期

母羊经过初情期后，在短时期内即进入性成熟期。通常山羊的性成熟期为5～10月龄，体重为成年羊体重的40％～60％，此外，品种、气候及营养等也是影响母羊性成熟的因素。

通常圭山山羊的性成熟期为4～10月龄，体重为成年羊体重的40％～70％。圭山山羊羔羊在4月龄左右就会出现公羔爬跨等性活动现象，为防止偷配，在

4 月龄后应分群饲养。

三、初配年龄

羊的初配年龄随品种、气候条件及饲养状况的不同而异，一般根据个体生长发育状况和品种用途而定。通常认为，当育成羊达到 10 月龄以上且体重达到成年羊体重的 70％以上时，即为适宜的初配年龄。公羊初配年龄比母羊晚些，过早配种会影响羊的正常发育和后代，公羊在 12 月龄体成熟后参加配种为宜。

圭山山羊母羊，10 月龄后体重达到 30 kg，即为适宜的初配年龄。公羊则于 12 月龄后适宜初配。

四、发情及性周期

母羊的发情是指当母羊达到性成熟后，表现出周期性的性行为、生殖器官变化，通常将这些性表现及异常变化称之为发情。圭山山羊的发情周期一般为 18～24 d，平均为 21 d。母羊发情时鸣叫、摇尾及相互爬跨等行为表现明显，同时出现阴道黏液增多，阴道黏膜的颜色潮红充血，子宫颈松弛，发情持续时间为 24～48 h，平均 36 h。此时促性腺激素分泌量达到高峰，使卵子成熟，卵膜破裂，卵子排入输卵管，这种现象称为排卵，一般每次排 2～5 枚卵。若没有配种或配种后未受孕，则经过一段时间后会再次发情。

第二节 种羊选育与性能测定

一、圭山山羊选育措施

在畜禽品种繁育过程中，有目的、有计划地进行选优汰劣，以防止品种退化，即提纯复壮。提纯的标准根据畜禽品种选育种类的要求，选择体型外貌、生产性能相一致或基因一致的优秀个体，组成基础群或若干家系，然后封闭血缘，采取同质选配、适度近交，经 5～6 个世代不用外来种畜禽，这样使畜禽品种纯合系数增高、杂合体减少、生产性能提高。复壮是指已经形成的标准种畜禽，在历代的繁殖中，由于种种原因造成生活力、生产性能和繁殖率下降。为了继续保持良种的优良特性，对某些退化性状重新提纯繁育。采取的方法有个体选择、外貌鉴定和后裔鉴定等，或从原产地重新引入与现养的同品种山羊交配繁殖，选择品质优良的子代再进行交配繁殖，经过几代的选择，待优良品质性状稳定后可进行生产繁殖。

圭山山羊近亲繁殖的问题，已经出现个体变小、生产性能降低等现象，要改变这种状况，就要在进行圭山山羊品种资源普查基础上，从外貌特征明显、繁殖性状优良及生产性能高的种群中选择优秀的公羊和母羊作为提纯复壮的基础种群。

在提纯复壮基础上，建立起来的公羊与母羊配套的优良种群，即圭山山羊优良家系。

二、圭山山羊良种性能鉴定及种羊选育

石林彝族自治县多年来开展了圭山山羊肉乳兼用家系选育工作，2010 年以来，陆续制定了优秀圭山山羊体型外貌鉴定评分标准、初生羔羊等级评定标准、断奶羔羊等级评定标准、初配等级评定标准、18 月龄等级评定标准和成年羊等级评定标准。

（一）体型外貌鉴定

根据品种特征与整体结构、躯干、乳房与睾丸及四肢发育特征，鉴定出体型外貌优秀的圭山山羊。评分标准见表 4-1。

表 4-1　体型外貌鉴定评分标准

项目		满分标准	公羊满分评分	母羊满分评分
品种特征与整体结构		被毛黑亮，整体结构匀称、体躯略呈长方形或楔形；公羊雄性特征明显，母羊清秀	20	20
躯干	前躯	头颈胸结构良好、胸宽深，公羊鬐甲高宽、肌肉发达。母羊皮薄骨细，背毛短而有光泽，肌肉发育适度，皮下脂肪少	25	20
	中躯	肋骨开张，背腰平直宽广，公羊腹部结构紧凑、母羊腹大但不下垂	10	15
	后躯	与中躯结合良好，尻宽长、倾斜适度，裆宽，肌肉丰满	20	20

项目	满 分 标 准	公羊 满分评分	母羊 满分评分
乳房与睾丸	乳房基部宽广、附着与发育良好、两乳房对称圆润且乳头大小适中。睾丸发育对称、呈椭圆形，无隐睾	15	15
四肢	健壮、结实，肌肉丰满，肢势端正，结构匀称，系部强健	10	10
合计		100	100

（二）初生鉴定

根据双亲鉴定成绩级别、同胞与半同胞成绩、初生重、体型外貌评分及营养状况评定等级，达不到等级标准的羔羊实行淘汰。详见表4-2。

表4-2　圭山山羊初生鉴定等级

项目	一级	二级	三级
体型外貌评分	♂>85 ♀>80	♂80～84.9 ♀75～79.5	♂75～79.9 ♀70～74.9
双亲鉴定成绩级别	一级以上	一级或二级	二级
同胞或半同胞成绩	一级以上	一级或二级	二级
初生重（kg）	单羔♂>2.6 ♀>2.4 双羔♂>2.5 ♀>2.3	♂2.4～2.5 ♀2.3～2.4 ♂2.4～2.5 ♀2.2～2.3	♂2.2～2.4 ♀2.0～2.2 ♂2.2～2.3 ♀1.8～2.1
营养状况	中等以上	中等以上	中等
评定后去向	留种	留种	留种

注：体型外貌评分标准见表4-1，表4-3至表4-6同。

（三）断奶鉴定

根据双亲鉴定成绩级别、同胞与半同胞成绩、断奶重、哺乳期日增重、体型外貌评分、来源和营养状况评定等级，详见表4-3。

表 4-3　圭山山羊断奶鉴定等级

项目	一级	二级	三级
体型外貌评分	♂＞85 ♀＞80	♂80～84.9 ♀75～79.9	♂75～79.9 ♀70～74.9
同胞或半同胞成绩	一级以上	一级或二级	二级
断奶重（kg）	♂≥15.0 ♀≥13.0	♂13.0～14.9 ♀11.0～12.9	♂≤12.0 ♀≤10.0
哺乳期日增重（g）	♂≥100 ♀≥80	♂79～99 ♀50～80	♂≤78 ♀≤49
双亲鉴定成绩级别	一级以上	一级或二级	二级
来源	双羔或双羔羊后代	双羔或双羔羊后代	双羔或双羔羊后代
营养状况	中等以上	中等以上	中等
评定后去向	留种	留种	留种

（四）初配鉴定

根据体型外貌评分、体重（公羊 12 月龄、母羊 10 月龄）、日增重、同胞或半同胞体重及来源评定等级，一级为育种基准目标。体型外貌评分、体重（公羊 12 月龄、母羊 10 月龄）、日增重、同胞和半同胞体重及来源五项指标中，其中一项不合格者降低一级；特级羊双亲或同胞、半同胞必须为一级以上，详见表 4-4。

表 4-4　圭山山羊初配鉴定等级

项目	特级	一级	二级	三级
体型外貌评分	♂＞85 ♀＞80	♂80.0～84.9 ♀75.0～79.9	♂75.0～79.9 ♀70.0～74.9	♂70.0～74.9 ♀65.0～69.9
体重（kg）	♂≥35.0 ♀≥30.0	♂30.0～34.9 ♀25.0～29.9	♂25.0～29.9 ♀20.0～24.9	♂22.0～24.9 ♀18.0～19.9
日增重（g）	♂≥60.0 ♀≥45.0	♂45.0～59.9 ♀35.0～44.9	♂35.0～44.9 ♀25.0～34.9	♂＜35.0 ♀＜25.0
同胞或半同胞体重（kg）	♂≥35.0 ♀≥30.0	♂30.0～34.9 ♀25.0～29.9	♂25.0～29.9 ♀20.0～24.9	♂23.0～24.9 ♀18.0～19.9
来源	双羔或双羔羊后代	双羔或双羔羊后代	双羔或双羔羊后代	
评定后去向	核心群特培	核心群特培	扩繁群	生产群

（五）18 月龄鉴定

根据体型外貌评分、体重、日增重、同胞或半同胞体重、同胞或半同胞级别、双亲成绩及来源评定等级，一级为育种基准目标。体重、同胞或半同胞生产性能、体型外貌和来源四项指标，其中一项不合格者降低一级；特级羊双亲或同胞、半同胞必须为一级以上（表4-5）。

表4-5 圭山山羊 18 月龄鉴定等级

项目	特级	一级	二级	三级
体型外貌评分	♂＞85	♂80～84.9	♂75～79.9	♂70～74.9
	♀＞80	♀75～79.9	♀70～74.9	♀65～69.9
体重（kg）	♂≥42.0	♂38.0～41.9	♂32.0～37.9	♂30～31.9
	♀≥36.0	♀33.0～35.9	♀29.0～32.9	♀25～28.9
日增重（g）	♂≥60.0	♂45.0～59.9	♂35.0～44.9	♂＜35.0
	♀≥45.0	♀35.0～44.9	♀25.0～34.9	♀＜30.0
同胞或半同胞体重（kg）	♂≥38.0	♂35.0～37.9	♂32.0～34.9	♂＜32.0
	♀≥32.0	♀29.0～31.9	♀25.0～28.9	♀＜25.0
同胞或半同胞级别	特、一级	特、一级	一级	二级
双亲成绩	特、一级	特、一级	一级或二级	二级
来源	双羔或双羔后代	双羔或双羔羊后代	双羔或双羔后代	
评定后去向	核心群特培	核心群特培	扩繁群	生产群

注：1.5 岁以后的青年羊或初产羊鉴定时加上后代的初生重、哺乳期和断奶后的日增重及产羔率成绩。

（六）成年羊鉴定

2 岁以上的公羊、3 岁以上的母羊，根据体型外貌与自身生产性能、体尺测定成绩和后裔成绩评定，为终身鉴定等级。在各项指标中生长发育（体重、体高、体长）、繁殖成绩（双羔率）、产奶量和精液品质等三项指标之一不合格者，降一级；体型外貌和后裔成绩两项不合格者，降一级，一项不合格者可酌情降与不降。特级羊其双亲必须为一级以上的羊。鉴定等级详见表4-6。

表4-6　圭山山羊成年羊鉴定等级

项目		特级	一级	二级	三级
体型外貌评分		♂>85	♂80～84.9	♂75～79.9	♂70～74.9
		♀>80	♀75～79.5	♀70～74.9	♀65～69.9
体重（kg）		♂≥62.0	♂56.0～61.9	♂50.0～55.9	♂45～49.9
		♀≥46.0	♀43.0～45.9	♀38.0～42.9	♀32～37.9
母羊繁殖成绩		双羔率≥60%	双羔率50%～60%	双羔率45%～50%	双羔率40%～45%
后裔成绩（kg）	初生重	单羔♂≥2.8	♂2.6～2.79	♂2.4～2.59	♂2.2～2.39
		单羔♀≥2.6	♀2.4～2.59	♀2.2～2.39	♀2.0～2.19
		双羔♂≥2.6	♂2.5～2.59	♂2.3～2.49	♂2.0～2.29
		双羔♀≥2.4	♀2.2～2.4	♀2.0～2.19	♀1.8～1.99
	断奶重	♂≥16.0	♂>14.0	♂>12.0	♂≤12.0
		♀≥14.0	♀12.0	♀>10.0	♀≤10.0
	周岁重	♂≥42.0	♂>38.0	♂>35.0	♂≤35.0
		♀≥35.0	♀>33.0	♀>28.0	♀≤28.0
产奶量（kg）		200～220	180～200	150～180	120～150
评定后去向		核心群	核心群	扩繁群	生产群

（七）肉用圭山山羊优良家系选育

（1）肉用圭山山羊优良家系外貌特征要求　"五宽五厚"，即：额宽、颈宽、胸宽、背宽、尻宽，颊厚、垂厚、肩厚、肋厚、臀厚。

（2）肉用圭山山羊优良家系生长性状要求　公羊睾丸大，左右对称，母羊产羔率165%以上，公、母羊利用年限在7～8年。

（3）肉用圭山山羊优良家系生产性能要求　一岁以上成年公羊平均体重（50.0±5.0）kg，体长（78.0±5.0）cm；一岁以上成年母羊平均体重（45.0±6.0）kg，体长（73.0±3.0）cm。羯羊平均屠宰率（48.0±1.2）%，母羊平均屠宰率（47.0±1.4）%，净肉率（35.0±2.2）%。肌肉中蛋白质含量为（21.0±0.8）%，蛋白质中赖氨酸含量达到（8.0±0.4）%，组氨酸含量达到（3.2±0.1）%；熟肉率达（58.2±2.0）%，剪切力为（24.5±2.0）N。

（八）乳用圭山山羊优良家系选育

（1）乳用圭山山羊优良家系外貌特征要求　后躯比前躯发达，体躯呈三角形，皮薄骨细，背毛短而有光泽，肌肉发育适度，皮下脂肪少，体格健壮结实，体态优美。头狭长清秀，颈部细长、垂肉少。胸宽深，背腰垂直，腹部圆大而不下垂。臀部宽、长、方、平。四肢端正、结实。乳房大，乳腺发育良好，四个乳区匀称；乳头大小、长短适中，呈圆柱形，排列整齐。乳静脉粗大弯曲，乳井粗大明显。

（2）乳用圭山山羊优良家系生长性状要求　母羊乳房圆、大、紧凑，发育中等。

（3）乳用圭山山羊优良家系生产性能要求　泌乳期150 d左右，日均产奶0.5～1.8 kg。

（九）圭山山羊性能测定评定附则

（1）种羊鉴定一生共进行5次，成年后每年进行一次。每次指标测定时间要求在7 d内完成，提前或超过此时间的，其数据应进行校正。

（2）种公羊精液品质不良，繁殖机能障碍，有遗传缺陷的羊只，一律淘汰，不能作种用。

（3）圭山山羊核心群的种羊品质要求：公羊以特级为主、兼顾有特殊性能的一级公羊；母羊一律为一级以上。核心场出售的母羊一律为三级以上，公羊一律为二级以上。

（4）鉴定资料应及时记录和录入育种卡（表），并录入计算机资料库，设专人管理和使用，长期保存，所有技术资料严格控制，不得外泄。

（十）繁殖性能测定评定指标

（1）多产性　按每次或每一个繁殖胎次母羊分娩的平均产羔数或产羔率计算。

（2）分娩间隔　按同群体或同个体母羊两次成功的产羔间隔时间计算。

（3）繁殖寿命长度　指从第一次分娩到最后一次分娩的时间。开始繁殖的年龄反映了母羊育成期饲养水平和饲养基础费用成本情况。

（4）每只母羊每次分娩产生的后代各年龄阶段的体重，最常用初生重和断奶重。

（5）产奶量　母羊产羔后7 d到产奶结束的总产奶量。

（6）泌乳期　母羊产羔后7 d到产奶结束的天数。

（十一）评定指标的相关参数与计算公式

（1）配种率（适龄母羊参配率）＝配种母羊数/能繁母羊数×100%；

（2）生殖力（分娩率）＝分娩母羊数/配种母羊数×100%；

（3）产羔率＝出生羔羊数/分娩母羊数×100%；

（4）繁殖率＝产活羔数/（参）配种母羊数×100%；

（5）出生存活率＝出生存活羔数/产羔数×100%；

（6）断奶成活率＝断奶成活羔数/出生成活羔数×100%；

（7）平均初生重（kg/只）＝出生成活羔总重/出生成活羔数；

（8）平均断奶重（kg/只）＝断奶羔羊总重/断奶羔羊数；

（9）哺乳期平均日增重＝（断奶重－初生重）/断奶日龄；

（10）母羊平均体重＝母羊总体重/母羊数；

（11）母羊平均产奶量＝泌乳期内总产奶量/产奶母羊数。

（十二）留种要求

羊只满足初生鉴定三级以上、断奶鉴定三级以上、初配鉴定一级以上、18月龄鉴定一级以上、成年羊鉴定一级以上的可留作种用。

第三节 配种技术

山羊配种方法有自然交配和人工授精两种。自然交配是农户散养圭山山羊的传统繁殖方法，近些年在种羊繁育场和部分养殖大户中开始推广人工授精繁殖技术。

一、自由交配

自由交配是一种最原始的配种方式，传统方法是公、母羊混群饲养，让公羊自由寻找发情母羊交配。这种方法的优点是省工省事，适宜于小群分散饲养；若公、母羊比例得当，可获得较高的准胎率。这种方法的缺点是种公羊精力消耗太大，无法控制配种时间，很难估算产羔时间，不易控制选配计划；加之，公羊不断追逐母羊，无限交配，影响母羊采食和抓膘，还容易发生流产，且传统混养模式多在群内预留种公羊，往往出现近亲繁殖现象，从而导致羊群体型逐渐变小、生产性能逐渐降低等品种退化现象。

人工辅助交配是在非配种季节，公、母羊要分群饲养与管理，配种季节将公、母羊进行混养，配种结束后再把公羊隔离出来。公、母羊比例一般为1∶（20～30）。它的优点是能够有计划地开展选种选配，可以准确记录配种时间及计算预产期，有利于接产和提高羔羊成活率。与自由交配相比，还可以节省种公羊，提高种公羊的利用率。同时，有利于调换种公羊，控制和避免近亲交配。

二、人工授精

选择个体等级优秀、符合种用要求的种公羊，年龄在2～5岁，体质健壮、睾丸发育良好、性欲旺盛的公羊。正常使用时，精子的活力在0.7以上，畸形精子少，正常射精量为0.8～1.2mL，密度中等以上。

（一）采精

1. 人工授精器械洗涤和消毒

（1）金属器械消毒 新器械要先擦去油渍后洗涤，在每次使用前和使用后都要立即洗涤。方法是先用清水冲去残留的精液或灰尘，再用少量洗涤剂洗涤，然后用清水冲洗干净，最后用蒸馏水冲洗1～2次。

（2）玻璃器皿消毒 将洗净后的玻璃器皿倒扣在网篮内，让剩余水流出后，再放入烘箱消毒30min。

（3）开膣器、镊子等器具消毒 洗净、干燥后，在使用前1.5h用75%的酒精棉球擦拭消毒。

（4）假阴道的洗涤和消毒 先把假阴道内胎（光面向里）放在外壳里，把长出的部分（两头相等）反转套在外壳上。固定好的内胎松紧适中、匀称、平正、不起皱褶和扭转。装好以后，放在洗衣粉水中，用刷子刷去粘在内胎外壳上的污物，再用清水冲去洗衣粉，最后用蒸馏水冲洗内胎1～2次，自然干燥。在采精前1.5h，用75%的酒精棉球消毒内胎（先里后外）待用。

2. 精液采集

（1）种公羊在配种前一个月进行采精调教，排除体内的陈精，并增强产精能力。种公羊在采精前用湿布将包皮周围擦干净。一般来说，公羊采精是较容易的事情，但对初次参加配种的公羊不太容易采出精液，可采取以下措施：

①同圈法：将不会爬跨的公羊和若干只发情母羊关在一起3～5d，公羊一

般就能学会爬跨。

②诱导法：在其他公羊配种或采精时，让被调教公羊站在一旁观看，然后诱导它爬跨。

③按摩睾丸：在调教期每日定时按摩睾丸 10～15 min，或用冷水湿布擦睾丸，几天后可提高公羊性欲。

④药物刺激：对性欲差的公羊，隔日每只注射丙酸睾丸素 1～2 mL，连续注射 3 次后可使公羊爬跨。

⑤其他方法：将发情母羊阴道分泌物或尿液涂在公羊鼻端，也可刺激公羊性欲；用发情母羊做台羊；调整饲料，改善饲养管理，这是根本措施；若气候炎热，应进行夜牧。

（2）选择发情好的健康母羊做台羊，将后躯擦干净，头部固定在采精架上（架子自制，离地高度同发情个体相当）。训练好的公羊，可不用发情母羊做台羊，可用假台羊。

（3）将消毒酒精完全挥发后的假阴道内胎用生理盐水棉球从里到外擦拭，在假阴道一端扣上消过毒并用生理盐水冲洗甩干的集精瓶。在假阴道外壳中注入 150 mL 50～55℃温水，套上双连球打气，使假阴道的采精口形成三角形。在假阴道内胎的前 1/3，涂抹稀释液润滑。

（4）采精员蹲在台羊右后方，右手握假阴道，气卡塞向下，靠在台羊臂部，假阴道和地面约成 35°角。当公羊爬跨、伸出阴茎时，左手轻托阴茎包皮，迅速地将阴茎导入假阴道内。公羊射精动作很快，发现抬头、挺腰、前冲，表示射精完毕，全过程只有几秒钟。随着公羊从台羊身上滑下，将假阴道取下，立即使集精瓶的一端向下竖立，打开气卡活塞，取下集精瓶，送操作室检查。

（5）种公羊每天可采精 1～2 次，采 3～5 d，休息 1 d。必要时每天采 3～4 次，一次采精后，让公羊休息 2 h，再进行采精。

3. 精液品质检查　精液品质检查项目很多，这里只介绍几种常用的项目。

（1）肉眼观察　正常精液为乳白色，无异味或略带腥味。凡带有腐败味，出现红色、褐色或绿色的精液均不可用于输精。公羊正常的射精量为 0.5～2 mL，平均为 1 mL。

（2）精子活力检查　在载玻片上放 1 滴精液，加盖玻片，在显微镜下观察精子活力。山羊原精液活力一般在 0.8 以上。

（3）密度检查估测法　在检查精子活率的同时进行精子密度的估测。在显微镜下根据精子稠密程度的不同，将精子密度评为"密""中""稀" 3 级。"密"级为精子间空隙不足一个精子长度，"中"级为精子间有 1～2 个精子长度空隙，"稀"级为精子间空隙超过 2 个精子长度；"稀"级不可用于输精。

（4）精子计数法　用血细胞计算机较精确地计算出每毫升精液中的精子数，在精液高倍稀释时，要以精子数和精子活力来计算出精液稀释倍数。每毫升精液中含精子数 10 亿～50 亿个，平均为 30 亿个，精子校对计数可 10～15 d 进行 1 次。有条件的地方可用密度仪测定。

4. 液态精液稀释配方与配制

（1）精液低倍稀释的稀释液，可以用生理盐水、鲜牛奶、鲜羊奶，水浴煮沸消毒 15 min，冷却去奶皮后即可使用。凡用于高倍稀释精液的稀释液，都可作低倍稀释用。

（2）精液高倍稀释的稀释液，不但是为了扩大精液量，还要延长精子的保存时间，配方很多，现介绍 2 种稀释液。

①葡萄糖 3 g、柠檬酸钠 1.4 g，加蒸馏水至 100 mL，溶解后水浴煮沸消毒 20 min，冷却后加青霉素 10 万 IU、链霉素 0.1 g、卵黄 10～20 mL。

②葡萄糖 5.2 g、乳糖 100 mL，溶解后煮沸消毒 20 min，冷却后加庆大霉素 1 万 U、卵黄 5 mL。

5. 精液分装、保存和运输　短时间内就近使用的精液，稀释后分装小瓶内，不需要降温保存。间隔时间较长的精液，稀释后按输精剂量装入小瓶，盖好盖口，包裹纱布，套上塑料袋，保存在 0～5℃的保温设备中。

运输过程中，不论哪种包装，精液必须固定好，尽可能减轻振动。若用摩托车送精液，要把精液箱（或保温瓶）放在背包中，背在身上。若乘汽车送精液，最好把它抱在身上。

（二）输精

配种季节来临之前，及时做好羔羊断奶、母羊整群、预防接种和驱虫等工作，进行短期优饲，使母羊膘情达到中等以上，这样可以多排卵，排出优质卵，提高受胎率和集中发情率。母羊在进入发情季节后，第一个情期建议不要输精，到第二、第三个情期再输精，这样可以提高受胎率。用试情公羊试情，准确找出发情母羊，做到适时输精。

1. 输精时间　适时输精对提高母羊受胎率十分重要。一般山羊的发情持续时间为 24～48 h，排卵时间多在发情后期 30～40 h。以母羊外部表现来确定母羊发情，对上午开始发情的母羊，下午与次日上午可各输精 1 次；下午和傍晚开始发情的母羊，可在次日上午和下午各输精 1 次。两次输精间隔 8～10 h 为好，至少不低于 6 h。若每天早晚各试情 1 次，如母羊继续发情，可再行输精 1 次。

2. 母羊保定　不需要输精架的倒立保定法是将母羊头夹紧在两腿之间，两手抓住母羊后腿，用热毛巾把母羊外阴部擦干净，等待输精。

3. 输精方法　输精方法有子宫颈口内输精法和阴道输精法两种。

子宫颈口内输精法是将消毒后以 1‰氯化钠溶液浸泡过的开腟器装上照明灯，轻缓地插入阴道，找到子宫颈口，将输精器通过开腟器插入子宫颈口内，深度约 1 cm；稍退开腟器，注入精液，然后把输精器退出，再退开腟器。

阴道输精法是将装有精液的塑料管从保存箱中取出，室温升温 2～3 min 后，将管子的一端封口剪开，镜检合格后，将剪开的一端从母羊阴门向阴道深部缓慢插入，到有阻力时停止，再取掉上端封口，精液自然流入阴道底部，拔出管子，输精即完毕。

4. 输精量　原精输精每只羊每次输精 0.05～0.1 mL，低倍稀释为 0.1～0.2 mL，高倍稀释为 0.2～0.5 mL，冷冻精液为 0.2 mL。

第四节　提高繁殖力的方法

评价繁殖性能的经济指标是繁殖力，繁殖成活率指的是本年度内成活仔畜数占上年总适繁母畜数的百分比，它也是家畜繁殖力指标之一。提高山羊繁殖成活率的途径与技术措施有以下几个方面。

一、选择多胎羊的后代留作种母羊

羊的繁殖力是有遗传性的，一般情况下，母羊若在第一胎时产多羔，则这只母羊在以后胎次中产多羔的重复率较高。母羊的多胎性能直接影响整个羊群的繁殖力。因此，应首先选择本身繁殖性能较好的母羊组建基础群，以后各世代繁殖过程中不引进其他种羊，实行闭锁繁育。同时，应避免全同胞（亲兄弟姐妹）的近亲交配，第 3 世代群体近交系数控制在 12.5% 以内。坚持长期选育可有效迅速地提高群体繁殖力。圭山山羊一般产双羔或三羔。

二、种公羊应来自高产母羊的后代

为了提高产羔率，选择有产多羔潜力的公羊进行配种比单选择多羔母羊更有效。选育和用好优良种公羊，能迅速有效地提高整个羊群的繁殖率。

三、增加羊群中能繁母羊的比例

让适繁母羊（2～5岁）的比例在整个羊群中达到70%以上，可大大提高羊群繁殖力。母羊一般到5岁时达到最佳生育状态，7岁老龄羊应逐渐减少，使羊群始终处于一种动态的、后备生命力旺盛状态。羊群中母羊的比例越高越好，年龄由小到大的比例逐渐减少，使羊群中可繁殖母羊比例占70%以上为佳。

四、适时淘汰繁殖力低下的母羊

对失去繁殖能力的病残母羊和繁殖率低的母羊应予淘汰。羊的适宜繁殖年龄为1.5～7岁，3～6岁时羊的繁殖力达到高峰，随后无论公、母羊，其生育能力都会逐渐降低，7岁以后会逐渐出现一些生育障碍，并且体况变差，繁活健壮率会大大下降，因此，7岁以后的老龄体弱母羊应逐渐淘汰，不断补充后备母羊，努力提高壮年母羊的比例和质量，以保证羊群旺盛的繁殖能力。

五、有计划地控制配种时间

炎热的夏季，公羊性欲减退，精液品质下降，活力降低，数量减少，死精或畸形精子比例上升；严寒的冬季，牧草供给不足，母羊体况不良，不易发情，受胎率也低。因此，羊繁殖季节应选择气候适宜、牧草充足，并有较多农副产品的春、秋季节，如春配在4—5月，秋配在9—10月。

六、改变配种方式

自由交配易造成近亲繁殖，产生畸形胎儿概率大，而且其后代活力差，增加羔羊断奶死亡率，直接降低羊群繁殖率。人工辅助交配是将公、母羊分开饲养放牧，在繁殖季节，用试情公羊寻找母羊，将发情母羊挑出，与配种公羊进行交配，或采用人工授精技术提高有效受孕率，并且及时阉割不留种用的公羊，或将公羊阴茎处用布兜起，使其不能与发情母羊交配。

七、加强饲养管理

在配种前1个月和妊娠后期及哺乳期要补饲精料和人工种植的优质牧草，一般每只羊每天补喂100～150 g精料，夜晚还应适当添加青草和干草，羊群应延长放牧时间，不能让羊太肥胖，过度肥胖易引起生理性不孕。补饲应合理，圈养公、母羊要适当地运动，合理分群，防止拥挤和打斗造成流产，以提高羊群的繁殖力。

八、加强羊群疫病防治

做好疫病防治和卫生保健工作，不仅能提高羔羊成活率和降低死亡率，也是提高出栏率和迅速增加羊群数量的有效措施。养羊户应掌握羊常见疾病的一般防治技术，还应与兽医部门签订疾病防治合同。做好羊群疫病防疫工作，避免传染性疾病发生。对已发生疾病的繁殖母羊要及时治疗，使其尽早恢复繁殖机能，并最大限度地提高羔羊成活率，降低死亡率。

九、防治生殖道疾病

在阴道检查、人工授精、助产等操作中，要严格消毒，谨慎操作，防止生殖道感染与损伤。对繁殖母羊发生的阴道炎、子宫内膜炎等疾病要及时治疗，使其尽早恢复繁殖机能。

十、采用现代繁殖技术

自1980年以来，各种繁殖技术的开发利用，加速了奶山羊的生产，在乳用山羊的繁殖方面取得了相当大的进展。羊的生长及繁殖性能不同程度地受到遗传选育、营养、饲养管理、环境及疾病等各个方面的影响，提高不同阶段羊的繁殖性能可直接提高养羊的经济效益。

（一）同期发情技术（ES）

雌性动物根据其卵巢的活动，可将发情期分为较长的黄体期和较短的卵泡期，时间比为7：3。黄体期时，黄体分泌孕酮，而孕酮可以抑制卵泡的发育，当黄体消退后，孕酮的分泌逐渐减少，卵泡才可以进行发育，直至成熟。卵泡成熟后，雌性动物会有发情表现，所以黄体从生长到消退的过程是控制动物发情的关键因素，因此，如果可以人为控制黄体的消长，就可以间接控制雌性动物的发情时间，从而实现同期发情。同期发情技术正是利用这一特点，采用外源激素制剂来调整母畜的发情周期，使其在相对集中的时间内发情。反刍动物的同期发情技术包括孕激素法、前列腺素法和激素组合处理法，也有学者使用中药制剂诱导同期发情。山羊的处理时间一般为 14 d。孕激素阴道植入和各种激素皮下注射法因使用方便和操作简单等原因，目前是常用方法。

同期发情技术能够帮助饲养管理人员更好地进行批量生产，节省管理时间，节约人力和物力，降低生产成本。它在羊的纯种繁育、羊群改良、快速扩群、提高优质高产种畜比例，以及增加个体成绩对全群羊的影响等方面起到重要作用。根据实际生产的情况，选择适合的同期发情技术进行处理，更有助于规模化、集约化的饲养，能够显著提高养羊经济效益。

在奶山羊行业，孕马血清促性腺激素（PMSG）｜阴道孕酮释放装置（CIDR）或促卵泡素（FSH）＋CIDR 最常用作 ES 或超排卵的有效方案。然而，在农业实践中，接受反复促性腺激素治疗的雌性动物，其生殖性能一般较低。研究表明，PMSG 或 FSH 重复超排卵过多会导致卵巢发育和生殖性能的不良反应。当同一只动物多次诱导超排卵时，其对治疗的反应和配子质量降低。反复促性腺激素治疗后生育率下降与抗 FSH 或抗 PMSG 抗体的增加有关。据推测，重复治疗会引起免疫应答，从而有效破坏促性腺激素的生物活性，动物体内高浓度的抗 PMSG 或抗 FSH 抗体会导致卵巢疾病的难治性。

（二）人工授精技术（AI）

人工授精技术（AI）是用于奶山羊遗传改良的重要生物技术。羊的人工授精技术经历了鲜精人工授精技术、液态精液人工授精技术、冷冻精液人工授精技术及腹腔镜子宫人工授精技术的发展过程。目前，运用最广泛的是冷冻精液人工授精技术。随着该项技术的不断进步，羊的发情期受胎率逐步提高，从而提高了羊的繁殖效率。

山羊人工授精技术分为液态精液人工授精技术和冷冻精液人工授精技术。液态精液人工授精技术又可分为低倍稀释精液人工授精技术和高倍稀释精液人工授精技术。低倍稀释精液人工授精技术是将采出的精液不稀释或低倍稀释，立即给母羊输精。低倍稀释的比例一般为 1：（2～4），其 1 只公羊一年可配母羊 500～1 000 只，比用公羊本交能提高 10～20 倍。这种方法用于母羊季节性发情较明显，而且适用于数量较多的地区。高倍稀释精液人工授精技术，精液稀释比例一般为 1：（20～50），其 1 只公羊一年可配种母羊 10 000 只以上，比本交能提高 200 倍以上。冷冻精液人工授精技术是把公羊的精液常年冷冻贮存起来，在任何地方、任何时间都可以使用。1 只公羊一年所采出的精液可制作得颗粒冷冻精液 10 000～20 000 粒，可配母羊 2 500～5 000 只。

冷冻精液人工授精可以节省精液，但受胎率一般只有 30%～50%，加之制作成本高，所以在种公羊不是很紧张的情况下主要推广液态精液人工授精技术。虽然该项技术的研发可以减少配种公羊数量，提高受胎率和繁殖效率，减少疾病的发生，但是也存在诸多的问题，如对专业人员的技术要求高，而目前我国养羊的多为农户，对此了解并不深入，养殖人员对羊人工授精工作认识不够，种公羊饲养管理粗放，科学养羊意识不强，种公羊的饲草质量普遍较差，没有足够的精料补饲，没有给予充足的运动，造成种公羊体况不良，调教采精困难，以及某些人兽共患病的发生等，严重影响羊场技术人员对羊只饲养管理工作的积极性。

（三）胚胎移植技术（ET）

胚胎移植，又称受精卵移植，是指将雌性动物体内的早期胚胎，或者通过体外受精及其他方式得到的胚胎，移植到同种的、生理状况相同的其他雌性动物体内，使之继续发育为新个体的技术。

胚胎移植技术是现代生物技术中重要的一项应用技术，已日趋成熟。该技术能扩繁优良种畜，减少生产成本，增加双胎率，充分发挥优良个体的遗传和繁殖潜力，对畜牧业的发展有重大意义。目前，体外生产胚胎的商业化应用也在逐步提高，有力地推动着我国畜牧业的快速发展，前景广阔。但是，目前我国羊胚胎移植应用现状与发达国家相比，还不够成熟，胚胎移植是一项比较复杂的生物繁育技术，要求项目管理人员及操作人员具备较高的理论水平及丰富的实践操作经验。羊在胚胎移植后，饲粮营养水平不高、饲养条件粗放及环境卫生不达标，是导致成功率低的主要原因。此外，胚胎移植花费较高，整个流程耗费大量的人力、物力、财力，主要包括购买试剂耗材、大型试验仪器、供体羊和受体羊的购置及相关人员的培训指导费。有不少地方对胚胎移植市场的监管不到位，导致品种恶意炒作、假冒伪劣等现象屡有发生。因此，加强对基层专业技术人员培训，加强对饲养人员技术指导，培养饲养员科学的饲养管理意识，国家有关部门及地方政府进一步加大胚胎移植技术方面的财政补贴补助，加强市场监管，制定相关规定，严厉打击假冒伪劣品种，才能使羊胚胎移植市场健康、高效、持续地发展。

（四）性别控制技术

在常规生产方式下，奶山羊繁殖得到雌雄羔羊的概率相同，而雄性羔羊的经济价值远小于雌性羔羊，如果能对奶山羊所产后代的性别进行人为干预，就能在优质高产的核心群中增加母羔羊的产出数量，从而大大提高产奶量。

现阶段畜牧生产中主要通过性细胞分离、早期胚胎性别鉴定、调节母畜生殖道环境和采用不同的温度解冻冻精来实现性别控制。其中，在受精之前将X、Y精子分离，再选取相应性别的精子进行人工授精能大概率获得与预期性别相符的后代。由于输精位置和输精方式的限制，在养羊业中使用性控精液会受到一定的条件限制。首先，在母羊子宫颈口进行输精对精液的单次需求量较大，采用流式细胞分选仪对精液进行分离时，其分选速度无法满足输精剂量的要求，此外，母羊生殖道与奶牛差异很大，无法进行子宫颈的输精。因此，奶山羊性别控制技术常常与超数排卵技术和胚胎移植技术结合使用，来提高性控精液的使用效率，但操作过程中需要提高精液活力，并尽可能降低运输、分选过程中对精子的损伤。近年来逐步发展起来的羊用腹腔镜技术可以辅助实现子宫内输精。该技术在降低输精剂量的同时，能减少对母羊的手术损伤，达到与鲜精输精一致的受胎率。因此在奶山羊的性控冻精使用时，建议通过腹腔镜技术辅助输精，以达到理想的输精效果，获得更多的可用胚胎供受体移植使用。

由于奶山羊的季节性繁殖特点，增加奶山羊优秀种质利用率，提高奶山羊繁殖力，优化奶山羊生产性能对于奶山羊产业的全面快速发展具有重要意义。目前，多种扩繁技术已被运用于奶山羊生产，同期发情技术与人工授精、胚胎移植等技术紧密结合，为奶山羊育种、品种改良及规模化生产提供了有效手段。但我国奶山羊养殖区域跨度大、范围广、品种多样、环境各异，处理方案在标准化制订方面难以实现统一，现有的研究成果不足以改善奶山羊的整体生产状况。因此，在奶山羊的饲养过程中，应综合考虑多种因素，根据不同地区的实际情况制订繁殖调控方案，以期获得更佳的生长繁殖表现。

十一、复方中药在山羊繁殖性能方面的应用

中草药纯天然，毒性小、副作用甚微。正确使用中草药，动物饲料的利用率、动物的繁殖性能、抗应激能力等都能显著提高，它还可以有效促进动物的生长发育。肉羊为季节性发情，配种时间集中，高强度的配种导致公羊性欲下降，精液品质差；而母羊受长期舍饲运动量少、夏季持续性高温等影响，导致发情周期紊乱，配种受胎率低，极大影响了羊的繁殖性能，制约了养羊业的健康发展。在公羊繁殖方面，谷新利等经过多年反复试验，研制出"强精散"，其主要成分为淫羊藿、续断、益母草等，种公羊配种期饲料中每天每只添加 10 g 强精散，连续饲喂 9 d 后，可显著提升其精子活力、精子存活率、精子密度和射精量（$P<0.05$），同时对云雾状特征、pH 和精子畸形率无不良影响。进一步研究发现，试验组公羊血清中钾、钠、钙、磷、铜、锌和精液中锌含量明显高于对照组，说明强精散能促进以上各元素的吸收，有助于公羊睾丸生长发育、性欲提高和改善精液品质。孙亚波等用淫羊藿、枸杞子、巴戟天等配制成的复方中草药添加剂饲喂较高采精强度下的辽宁绒山羊种公羊，结果显示较高采精强度下的种公羊只要在其饲粮中按照 15 g/d 的剂量添加复方中草药添加剂，就可改善其精液数量和质量，且对血浆和精浆中的激素 FSH、LH 和 T 水平影响不大，可维持山羊生殖内分泌平衡状态。以上研究表明，选用补肾壮阳的淫羊藿等中药，通过合理搭配，在公羊饲粮中只需少量添加，在短时间内即可起到促进睾丸生长发育、提高性欲及改善精液品质的目的，对解决公畜繁殖障碍和提升公畜繁殖性能具有显著效果。在母羊繁殖性能方面，朱金凤等对围产期的经产湖羊（2～4 胎）日粮中添加 0.2%生物发酵中药"补中益气散"（党参、黄芪、当归、甘草、白术、山药等），每天 2 次，连用 14 d 后发现，试验组母羊患病率降低 66.7%，7 日龄内初生羔羊腹泻率降低 77.8%，羔羊成活率提高 7.78%，羔羊 30 日龄窝重提高 21.27%，个体重提高 21.35%，平均日增重提高 42.45%，说明发酵中药能明显提高母羊繁殖性能和羔羊健康程度。王凤和等选用王不留行、冬葵子、苍术、通草组成配方，按 1%比例添加到奶山羊日粮中，饲喂 20 d 后，母羊产奶量提高约 11%，鲜奶干物质含量下降 0.055%，说明中草药能促进乳汁分泌。以上研

究表明，选用通经活络、补气益血的当归、党参、黄芪等中药，通过合理搭配，在母羊饲料中少量添加，短时间内即可达到促进卵泡发育、刺激发情排卵、提高受胎率、促进泌乳、降低患病率、提高羔羊成活率和促进羔羊生长等目的，对解决母畜繁殖障碍和提升母畜繁殖性能具有显著效果。

2023 年，本研究团队根据中兽医藏象学说以淫羊藿、鹿角霜、川杜仲等补肾壮阳类，当归、白芍、熟地黄等滋阴补益类药为主，辅以山药、炒白术、厚朴、栀子等补脾健胃、清热理气类中药饮片，按一定比例混合粉碎，120 目过筛，密封保存。选择胎次相近、无生殖疾病且布鲁氏菌检测阴性的圭山山羊、阿尔卑斯奶山羊和吐根堡奶山羊各 18 头，随机分为中药试验组和空白对照组，每组 9 头。于配种前和产前 14 d，在基础日粮中添加 2%（0.5 g/kg）的复方中药制剂，每天早晚各喂一次，喂 14 d，对照组不做处理，其他饲养管理条件一致；配种前用药结束后，颈静脉采集血液并分离血清。ELISA 方法测定血清生化、性激素、抗氧化、免疫相关指标；配种结束后，记录各组奶山羊发情数、受胚数、流产数；产前用药结束后，记录产羔数、弱羔数、羔羊15 日龄成活数、羔羊出生类型及初生重。结果：①中药组发情率和受胚率显著高于对照组（$P<0.05$），弱羔率显著低于对照组（$P<0.05$），羔羊 15 日龄成活率差异不显著（$P>0.05$），圭山山羊、阿尔卑斯奶山羊和吐根堡奶山羊中药组羔羊初生重均显著高于对照组（$P<0.05$），说明该复方中药可明显提高奶山羊的繁殖性能。②各中药组血清 FSH 和 LH 含量极显著高于对照组（$P<0.01$），P4 含量极显著低于对照组（$P<0.01$），E2 含量差异不显著（$P>0.05$），说明该复方中药制剂能发挥性激素样作用，引起 FSH、LH 水平变化，从而提高繁殖奶山羊发情率和受胚率。③各中药组血清 T-SOD、GSH-Px 含量极显著高于对照组（$P<0.01$），MDA 含量极显著低于对照组（$P<0.01$），血清 IgG 含量极显著高于对照组（$P<0.01$）。说明该复方中药制剂可通过提高奶山羊的抗氧化功能和体液免疫水平，从而提高羔羊初生重，降低弱羔率。④各中药组和对照组血清 ALT、AST、TP、ALB、CREA、UREA 数值差异不显著（$P>0.05$），该复方中药制剂对奶山羊肝肾功能无损伤。得到结论：该复方中药制剂可通过调节奶山羊性激素水平、提高抗氧化能力和体液免疫水平，从而显著提高奶山羊的发情率和受胚率，降低弱羔率和提高羔羊初生重，且对繁殖母羊肝肾功能无不良影响。说明该复方中药制剂是一种安全有效的提高奶山羊繁殖性能的组方。

第五节　圭山山羊杂交利用

一个区域的羊群在发展到一定阶段的时候，如果没有进行品种改良，那么这个区域羊群的整体生产水平一定是偏低的。为了羊场的经济效益和羊群结构更加完善，必须选购一批优质种羊来优化羊群，也就是进行杂交改良，提高羊群生产性能。

20世纪70—90年代，石林县种羊场引进萨能奶山羊与圭山山羊进行杂交，产肉性能及产奶性能都有很大提高。近几年，在云南省畜牧兽医科学院、云南农业大学等科研院校的支持下，石林县兽医站及有关企业开展了圭山山羊杂交利用试验示范工作，以圭山山羊为母本，以萨能奶山羊、吐根堡奶山羊、努比亚山羊等品种为父本进行杂交，表现出明显杂交优势。

开展圭山山羊杂交利用的科研及生产经营活动，必须做好圭山山羊母本群建设、外地优良山羊品种引入和圭山山羊杂交组合筛选等几个方面的工作。

一、圭山山羊母本群建设

圭山山羊母本群建设就是在本地品种选育基础上，利用优良家系扩繁一定数量的基础母羊群，再用外地优良种公羊进行杂交改良，以提供产奶母羊或商品育肥羊。

圭山山羊母本群质量符合优良家系的质量要求。母本群数量根据生产规模来确定。一般来说，专业繁育场养殖规模500～700只为宜，合作社养殖规模200只左右为宜，农户养殖20只左右为宜。

二、外地优良山羊品种引入

云南省昆明市石林县有关科研单位和山羊养殖企业、合作社、农户多年来开展了圭山山羊杂交利用试验示范工作，引入利用的国外奶山羊品种有萨能奶山羊、吐根堡奶山羊和阿尔卑斯奶山羊，国外肉山羊品种有努比亚山羊。

1. 萨能奶山羊　萨能奶山羊是世界公认的优秀奶山羊品种，其原产于气候凉爽、干燥的瑞士伯龙县萨能山谷。它以遗传性能稳定、体型高大、泌乳性能好、乳汁质量高、繁殖能力强、适应性广、抗病力强而遍布世界各地，20世纪30年代被引入我国。

萨能奶山羊外貌特征明显，具有头长、颈长、体长、腿长的特点。全身白毛，皮肤粉红色，体格高大，结构匀称，结实紧凑。额宽，鼻直，耳薄长，眼大凸出，眼球微黄，多数无角，有的有肉垂。母羊胸部丰满，背腰平直，腹大而不下垂；后躯发达，乳房基部宽广，形状方圆，质地柔软。公羊颈部粗壮，前胸开阔，体质结实，外形雄伟，尻部发育好，四肢端正，部分羊肩、背及股部生有长毛。

羊只体质强健，适应性强，瘤胃发达，消化能力强，能充分利用各种青绿饲料、农作物秸秆。嘴唇灵活，门齿发达，能够啃食矮草，喜欢吃细枝嫩叶；活泼好动，善于攀爬，喜干燥，爱清洁，合群性强，适于舍饲或放牧。

萨能奶山羊繁殖性能好，性成熟时间在 2～4 月龄，9 月龄就可配种。利用年限可达 10 年以上。繁殖率高，产羔率在 180%～200%。

萨能奶山羊生产性能好，泌乳期 8～10 个月，以 3～4 胎泌乳量最高。平均年产乳 800～900 kg，个体最高产乳量达 1 071 kg。

2. 吐根堡奶山羊　吐根堡奶山羊原产于瑞士东北部圣仑州的吐根堡盆地。因其具有适应性强、产乳量高等特点，而被许多国家引入进行纯种繁育和地方品种改良，对世界各地奶山羊业的发展起到了重要的作用，与萨能奶山羊同享盛名。我国抗日战争前曾引入该品种羊，饲养在四川省、山西省及东北等地。1982 年四川省从英国引入 44 只，饲养在四川省雅安市。黑龙江省 1982 年和 1984 年先后引入 21 只，饲养在绥棱县吐根堡奶山羊繁殖场。

吐根堡奶山羊体型略小于萨能奶山羊，也具有乳用羊特有的楔形体型。被毛褐色或深褐色，随年龄增长而变浅。颜面两侧各有一条灰白色的条纹，鼻端、耳缘、腹部、臀部、尾下及四肢下端均为灰白色。公、母羊均有须，部分无角，有的有肉垂。骨骼结实，四肢较长，蹄壁蜡黄色。公羊体长，颈细瘦，头粗大；母羊皮薄，骨细，颈长，乳房大而柔软，发育良好。

吐根堡奶山羊成年公羊体高 80～85 cm，体重 60～80 kg；成年母羊体高 70～75 cm，体重 45～55 kg。

吐根堡奶山羊平均泌乳期 287 d，在英、美等国一个泌乳期的产乳量 600～1 200 kg。瑞士最高个体产奶纪录为 1 511 kg，乳脂率 3.5%～4.2%。饲养在我国四川省成都市的吐根堡奶山羊，300 d 产奶量：一胎为 687.79 kg，二胎为 842.68 kg，三胎为 751.28 kg。

吐根堡奶山羊全年发情，但多集中在秋季。母羊 1.5 岁配种，公羊 2 岁配种，平均妊娠期 151.2d，平均产羔率为 173.4%。

吐根堡奶山羊体质健壮，性情温驯，耐粗饲，耐炎热，对放牧或舍饲都能很好地适应。遗传性能稳定，与地方品种杂交，能将其特有的毛色和较高的泌乳性能遗传给后代。公羊膻味小，母羊乳中的膻味也较轻。

3. 努比亚山羊　努比亚这个词来自埃及语中的（nub），也是努比亚山羊的发源地，所以用"努比亚"对羊进行命名。中国"贵州努比亚牧业公司"先后分批引进了努比亚山羊，培育出了适应我国气候的奶山羊品种。由于努比亚山羊是亚热带品种，所以棕色、暗红色多见，其换牙时间也明显快于我国其他品种，最快一年可换三对牙，所以不能单以牙齿判定羊的周岁。努比亚山羊在我国经过了 80 多年的培育，与很多地方品种进行了杂交改良，也起到了一定的效果。

努比亚山羊成年公羊体高可达 120 cm，成年母羊体高可达 103 cm；成年公羊体重一般可达 150 kg 以上，成年母羊可达 100 kg 以上。努比亚公羊初配种时间 6～9 月龄，母羊配种时间 5～7 月龄，发情周期 20 d，发情持续时间 1～2 d，妊娠时间 146～152 d，发情间隔时间 70～80 d，努比亚山羊年均产羔 2 胎，平均产羔率 230.1%，羔羊初生重一般在 3.6 kg 以上，哺乳期 70 d，羔羊成活率为 96%～98%。

努比亚山羊成年公羊屠宰率 51.98%、净肉率 40.14%，成年母羊屠宰率 49.20%、净肉率 37.93%。努比亚山羊肉质细嫩、膻味低、风味独特，被广大消费者喜爱。

三、圭山山羊杂交组合筛选

(一) 萨能奶山羊与圭山山羊杂交一代 (简称萨圭 F1) 特征特性

萨圭 F1 山羊多数有梳子状向外向后弯曲的"八"字形角。毛色均为白色，毛尖带有土黄色，无底绒。皮肤为肉红色，蹄甲为蜡黄色。两耳大而薄。乳房圆大如盘状，柔软，乳头粗大。

萨圭 F1 羔羊平均初生重 (2.4±0.5) kg，4 月龄平均体重 (12.7±0.7) kg，成年周岁平均体重 (50.7±6.6) kg。平均体高 (70.3±3.1) cm，平均体长 (72.6±2.7) cm，平均胸围 (87.9±2.0) cm，平均胸宽 (20.5±1.5) cm，平均腰角宽 (17.4±0.9) cm。

（二）吐根堡奶山羊与圭山山羊杂交一代（简称吐圭 F1）特征特性

吐圭 F1 母羔平均初生体重（2.52±0.32）kg，平均体高（32.00±1.56）cm，平均体长（31.42±1.72）cm，平均胸围（30.70±1.82）cm，平均腰角宽（6.07±0.32）cm。

吐圭 F1 母羊平均周岁体重（25.21±3.25）kg，平均体高（61.73±3.57）cm，平均体长（63.84±3.76）cm，平均胸围（69.52±4.07）cm，平均腰角宽（15.00±1.14）cm。

吐圭 F1 母羊 36 月龄时体重比母本重 6.87 kg，体高比母本高 4.36 cm，体长比母本长 4.00 cm，胸围比母本多 4.15 cm。

（三）努比亚山羊与圭山山羊杂交一代（简称努圭 F1）特征特性

根据有关企业试验资料，努圭 F1 平均产羔 1.5 只，双羔率 43.3%；羔羊平均初生重（2.45±0.42）kg；羔羊成活率 93.35%。

努圭 F1 周岁公羊宰前活重约 43 kg，胴体重约 20 kg，屠宰率约 47%。

努圭 F1 周岁母羊宰前活重约 41 kg，胴体重约 19 kg，屠宰率约 46%。

第五章
圭山山羊的营养与饲料

第一节 圭山山羊的营养特点

羊属于反刍动物，瘤胃是反刍动物对食入饲料中营养物质消化利用的第一关。各种营养物质在瘤胃进行分解和合成的生化过程，饲料中60%的有机物质和50%的纤维物质在瘤胃内消化。饲料中碳水化合物在瘤胃中经过发酵，最终以挥发性脂肪酸的形式为羊提供能量；蛋白质和非蛋白氮经过发酵生成氨和二氧化碳，其中大部分氨被微生物利用合成菌体蛋白质。发酵过程中产生的甲烷是能量的损失，而羊可借助这些发酵过程，有效地将低质的纤维性饲料和非蛋白氮转化为高品质的菌体蛋白质。

一、羊的饲粮特点

羊是草食动物，食性很广，主要采食植物性粗饲料，所以羊的饲粮以粗饲料为主。粗饲料具有特殊的作用，羊饲料中缺少粗饲料，就会影响瘤胃正常的生理功能，发生瘤胃臌气或其他疾病。

二、蛋白质

蛋白质是反刍动物不可缺少的营养素，是构成生命的物质基础之一，反刍动物能同时利用饲料中的蛋白质和非蛋白氮合成微生物蛋白质，供机体利用，为其提供维持与生产的需要。进入瘤胃的蛋白质约有60%被微生物所降解，生成肽、游离氨基酸和氨基酸后，再经脱氨基作用产生挥发性脂肪酸、二氧化碳、氨及其他产物，微生物同时又利用这些分解产物合成微生物蛋白质。少量的氨基酸可直接被瘤胃壁吸收，被机体利用。一部分氨也可通过瘤胃壁进入血液，在肝脏中合成尿素，或随尿排出体外，或进入唾液再返回瘤胃重新被利用（这一过程称瘤胃氮素循环）。合成的微生物蛋白质及其余约40%未被微生物降解的饲料粗蛋白质（称之为过瘤胃蛋白质）及内源含氮物质等随瘤胃的排空进入真胃及小肠，经反刍动物体本身分泌的胃蛋白酶和肠肽酶等分解为肽和氨基酸后，被机体吸收利用。

三、能量

饲料中的能量既要满足羊体本身的需要，又要满足瘤胃微生物的生长繁殖和合成蛋白质的需要，能量不足会影响营养物质的正常消化和利用。饲料中有机物质被瘤胃微生物分解时，一部分能量以三磷酸腺苷（ATP）的形式被释放，供微生物生长繁殖。只有三磷酸腺苷的数量与可利用的氨、氮成一定比例时，微生物合成蛋白质才能达到最大值。另一部分能量以挥发性脂肪酸（乙酸、丙酸和丁酸）的形式供羊利用，而葡萄糖为羊体提供的能量甚微，这是反刍动物能量利用不同于单胃动物的最大特点。

四、碳水化合物

羊饲料中的碳水化合物主要有淀粉、可溶性糖、纤维素、半纤维素、木质素和果胶等。这些物质是羊能量的主要来源。饲料中淀粉和可溶性糖，经瘤胃微生物发酵，几乎全部被降解，生成葡萄糖、果糖、木糖、戊糖等，再进一步发酵转化为挥发性脂肪酸和三磷酸腺苷，被羊体和微生物利用。羊饲粮中必须有足够的可溶性糖和淀粉，供瘤胃微生物利用。

五、维生素和矿物质

羊和其他反刍动物一样，瘤胃微生物能够合成B族维生素和维生素K，可满足羊的需要，所以在羊饲粮中只需供给维生素A、维生素D和维生素E。

羊和单胃动物一样，需要一定量的各种矿物质，过量或不足都会造成不良后果。羊对矿物质的需要，不仅要满足羊本身需要，还要满足瘤胃微生物的需要。补饲尿素时，应增加硫的供给量。

六、水

水是羊体的重要组成成分之一，它具有调节体温、运输养分、保持体型、排泄废物、帮助消化吸收、缓解关节摩擦、促进新陈代谢等功能。对羊的健康、采食、产肉、产奶都起到重要的作用。水一般可占体重的 60%～70%。当羊体内水分损失 5%时，羊会有强烈的饮水欲望；当损失 10%时，羊会感到不适，出现代谢紊乱；当损失 20%以上时，会危及羊的生命。一般情况下，饲料中含有的水分是不能满足畜体需要的，必须补充饮水，最好是自由饮水。家畜的需水量，以饲料干物质估计（不包括代谢水），山羊每千克饲料干物质需 3～4 kg 水。

第二节　圭山山羊的营养需要与饲养标准

一、山羊的营养需要

山羊所需要的营养物质包括能量、蛋白质、矿物质、维生素和水。山羊的营养需要量因品种、年龄、体重和生理阶段的不同而有差异，同时也受环境温度、应激程度等因素的影响。

羊的营养需要分为维持需要和生产需要两部分，一般以维持需要为基础，再按不同生产需要制订相应的能量、蛋白质、矿物质和维生素的需要量。

（一）维持需要

羊的维持需要就是在非生产状态下，保持体重不变，体内营养物质种类和数量变化基本维持稳定，即体内营养物质分解和合成代谢处于动态平衡时对营养物质的需要量，维持需要是仅用于满足羊生命活动的最基本的代谢需要。

羊的维持需要与体重大小、年龄及环境有关。随年龄增长，维持需要量逐渐下降，妊娠后期比空怀期和妊娠前期维持需要量高，放牧羊比舍饲羊的维持需要量高，同一只羊在寒冷环境或季节的维持需要量高于温热环境或温暖季节。为减少维持消耗，应创造良好的放牧条件，冬春季节要采取措施，保持羊舍温暖。

羊在维持状态下，体内各种酶、内分泌、各组织器官的细胞仍在进行着新陈代谢、细胞更新，需要各种营养物质的均衡供给。

（二）生产需要

1. 生长需要　生长羊对能量的需要，随年龄增长而上升，羔羊单位体重增重需能量较少，成年羊需能量较多。生长期羊以生长肌肉和骨骼为主，对蛋白质和钙、磷需要量较高，每单位增重的蛋白质含量也随年龄增加而降低。舍饲幼年羊由于采食青草少、晒太阳少，日粮中应添加维生素 A 和维生素 D，同时注意钙和磷的补充。

2. 妊娠需要　妊娠母羊的营养需要，除维持需要外，主要是供给胎儿生长发育及胚胎产物的需要，母羊本身也需要一定量的物质蓄积。妊娠前期（妊娠期的前 3 个月）胎儿生长发育慢，子宫、胎盘发育快，羊水形成快，营养物质需要量应略高于空怀期；妊娠后期胎儿生长发育快，幼羔初生重的 70% 是此阶段形成的，对营养物质的需要量比妊娠前期高 30%～40%，妊娠期母羊营养过低或过高，都对胎儿有不良影响：营养水平过低，母羊消瘦，胎儿生长发育不良，幼羔初生重小、生活力差；营养水平过高，会造成饲料浪费、母羊难产，也会使母羊患妊娠中毒症，所以一定要根据营养需要量进行配料和饲养。

3. 泌乳需要　母羊泌乳期营养水平对产奶量有很大影响。妊娠期营养水平不仅对胎儿生长有影响，对产后产奶量也有一定影响。促进羔羊生长发育的措施，应从妊娠期抓起。

羊乳中含有蛋白质、乳糖、乳脂、多种维生素和矿物质。哺乳母羊每天从乳中排出的能量比维持需要量高 2 倍，每天从乳中排出的蛋白质约 45 g，产乳高峰期达 72 g。泌乳期营养不足，直接影响产乳量，进而影响羔羊生长发育。泌乳期母羊本身沉积营养物质很少或不沉积，甚至还要动用体组织营养物质供产奶用。

4. 产肉需要　育肥就是要增加羊体内的肌肉和脂肪，并改善肉的品质。增加的肌肉组织，主要是蛋白质，其中也有少量的脂肪（1%～6%）。增加的脂肪，主要蓄积在皮下结缔组织、腹腔和肌肉组织中。给育肥羊提供的营养物质必须超过其本身维持营养需要量，才有可能在体内生长肌肉和沉积脂肪。幼龄羊生长发育快，对蛋白质需求量更多。随着年龄的增长，羊生长速度减慢，对蛋白质的需求量也随之下降。因此，应根据肉羊的生长时期或体重适当调整饲料结构和饲喂量，科学合理地利用饲料，降低饲养成本。

二、山羊的饲养标准

饲养标准是以营养需要量的形式表述的。羊的营养需要量又称营养需要，是羊在维持生命健康、正常生理活动和保持最佳生产水平时对各种营养物质需要的有效数值。通常根据我国山羊饲养标准，结合当地饲草资源和放牧的实际情况，根据山羊的性别、年龄、体重及生产目的，科学规定其每天摄入的营养物质（表5-1至表5-6）。

表5-1　育成及空怀母羊的饲养标准

月龄	体重（kg）	风干饲料（kg）	消化能（MJ）	可消化粗蛋白（g）	钙（g）	磷（g）	食盐（g）	胡萝卜素（mg）
4～6	25～30	1.2	10.9～13.4	70～90	3.0～4.0	2.0～3.0	5～8	5～8
6～8	30～36	1.3	12.6～14.6	72～95	4.0～5.2	2.8～3.2	6～9	6～8
8～10	36～42	1.4	14.6～16.7	73～95	4.5～5.5	3.0～3.5	7～10	6～8
10～12	37～45	1.5	14.6～17.2	75～100	5.2～6.0	3.2～3.6	8～11	7～9
12～18	42～50	1.6	14.6～17.2	75～95	5.5～6.5	3.2～3.6	8～11	7～9

注：表5-1至表5-6中的数据均为每只羊每天的饲养标准。

表5-2　妊娠母羊的饲养标准

时期	体重（kg）	风干饲料（kg）	消化能（MJ）	可消化粗蛋白（g）	钙（g）	磷（g）	食盐（g）	胡萝卜素（mg）
妊娠前期	40	1.6	12.6～15.9	70～80	3.0～4.0	2.0～2.5	8～10	8～10
	50	1.8	14.2～17.6	75～90	3.2～4.5	2.5～3.0	8～10	8～10
	60	2.0	15.9～18.4	80～95	4.0～5.0	3.0～4.0	8～10	8～10
	70	2.2	16.7～19.2	85～100	4.5～5.5	3.8～4.5	8～10	8～10
妊娠后期	40	1.8	15.1～18.8	80～110	6.0～7.0	3.5～4.0	8～10	10～12
	50	2.0	18.4～21.3	90～120	7.0～8.0	4.0～4.5	8～10	10～12
	60	2.2	20.1～21.8	95～130	8.0～9.0	4.0～5.0	9～12	10～12
	70	2.4	21.8～23.4	100～140	8.5～9.5	4.5～5.5	9～12	10～12

表5-3　哺乳母羊的饲养标准

类别	体重（kg）	风干饲料（kg）	消化能（MJ）	可消化粗蛋白（g）	钙（g）	磷（g）	食盐（g）	胡萝卜素（mg）
单羔及其日增重达200～250g	40	2.0	18.0～23.4	100～150	7.0～8.0	4.0～5.0	10～12	6～8
	50	2.2	19.2～24.7	110～190	7.5～8.5	4.5～5.5	12～14	8～10
	60	2.4	23.4～25.9	120～200	8.0～9.0	4.6～5.6	13～15	8～12
	70	2.6	24.3～27.2	120～200	8.5～9.5	4.8～5.8	13～15	9～15

（续）

类别	体重 （kg）	风干饲料 （kg）	消化能 （MJ）	可消化粗 蛋白（g）	钙 （g）	磷 （g）	食盐 （g）	胡萝卜素 （mg）
双羔及其 日增重达 300～ 400 g	40	2.8	21.8～28.5	150～200	8.0～10.0	5.5～6.0	13～15	8～10
	50	3.0	23.4～29.7	180～220	9.0～11.0	6.0～6.5	14～16	9～12
	60	3.0	24.7～31.0	190～230	9.5～11.5	6.0～7.0	15～17	10～13
	70	3.2	25.9～33.5	200～240	10.0～12.0	6.2～7.5	15～17	12～15

表5-4　种公羊的饲养标准

阶段	体重 （kg）	风干饲料 （kg）	消化能 （MJ）	可消化粗 蛋白（g）	钙 （g）	磷 （g）	食盐 （g）	胡萝卜素 （mg）
非配种期	40	1.8～2.1	16.7～20.5	110～140	5.0～6.0	2.5～3.0	10～15	15～20
	50	1.9～2.2	18.0～21.8	120～150	6.0～7.0	3.0～4.0	10～15	15～20
	60	2.0～2.4	19.2～23.0	130～160	7.0～8.0	4.0～5.0	10～15	15～20
	70	2.1～2.5	20.5～25.1	140～170	8.0～9.0	5.0～6.0	10～15	15～20
配种 2～3次	40	2.2～2.6	23.0～27.2	190～240	9.0～10.0	7.0～7.5	15～20	20～30
	50	2.3～2.7	24.3～29.3	200～250	9.0～11.0	7.5～8.0	15～20	20～30
	60	2.4～2.8	25.9～31.0	210～260	10.0～12.0	8.0～9.0	15～20	20～30
	70	2.5～3.0	26.8～31.3	220～270	11.0～13.0	8.5～9.5	15～20	20～30
配种 4～5次	40	2.4～2.8	25.9～31.0	260～270	13.0～14.0	9.0～10.0	15～20	30～40
	50	2.6～3.0	28.5～33.5	280～380	14.0～15.0	10.0～11.0	15～20	30～40
	60	2.7～3.1	29.7～31.7	290～390	15.0～16.0	11.0～12.0	15～20	30～40
	70	2.8～3.2	31.0～36.0	310～400	16.0～17.0	12.0～13.0	15～20	30～40

表5-5　育肥羔羊的饲养标准

月龄	体重 （kg）	风干饲料 （kg）	消化能 （MJ）	可消化粗 蛋白（g）	钙 （g）	磷 （g）	食盐 （g）	胡萝卜素 （mg）
3	25	1.2	10.5～14.6	80～100	1.5～2.0	0.6～1.0	3～5	2～4
4	30	1.4	14.6～16.7	90～150	2.0～3.0	1.0～2.0	4～8	3～5

（续）

月龄	体重 （kg）	风干饲料 （kg）	消化能 （MJ）	可消化粗 蛋白（g）	钙 （g）	磷 （g）	食盐 （g）	胡萝卜素 （mg）
5	40	1.7	16.7～18.8	90～140	3.0～4.0	2.0～3.0	5～9	4～8
6	45	1.8	18.8～20.9	90～130	4.0～5.0	3.0～4.0	6～9	5～8

表5-6　成年育肥羊的饲养标准

体重 （kg）	风干饲料 （kg）	消化能 （MJ）	可消化粗 蛋白（g）	钙 （g）	磷 （g）	食盐 （g）	胡萝卜素 （mg）
40	1.5	15.9～19.2	90～100	3.0～4.0	2.0～2.5	5～10	5～10
50	1.8	16.7～23.0	100～120	4.0～5.0	2.5～3.0	5～10	5～10
60	2.0	20.9～27.2	110～130	5.0～6.0	2.8～3.5	5～10	5～10
70	2.2	23.0～29.3	120～140	6.0～7.0	3.0～4.0	5～10	5～10
80	2.4	27.2～33.5	130～160	7.0～8.0	3.5～4.5	5～10	5～10

第三节　羊的常用饲料

一、常用饲料分类及特点

山羊常用饲料可分为粗饲料、精饲料、糟粕类饲料、多汁饲料、矿物质饲料、添加剂类饲料和精饲料补充料等类型。

（一）粗饲料

一般指天然水分含量在60%以下、体积大、可消化利用养分少、干物质中粗纤维含量高于或等于18%的饲料。常见的有干草类饲料、作物秸秆、秕壳类饲料、树叶类饲料、青贮类饲料、氨化饲料和青绿饲料等。

（二）精饲料

一般指容积小、可消化利用养分含量高、干物质中粗纤维含量低于18%的饲料。精饲料包括能量饲料和蛋白质饲料。

1. **能量饲料**　指干物质中粗纤维含量低于18%、粗蛋白质含量低于20%的饲料。常见的能量饲料有谷实类（玉米、小麦、稻谷、大麦、高粱、甘薯、木薯等）、糠麸类（小麦麸、米糠、玉米皮等）等。

2. 蛋白质饲料　指干物质中粗纤维含量低于 18%、粗蛋白质含量等于或高于 20% 的饲料，包括植物性蛋白质饲料、动物性蛋白质饲料、单细胞蛋白质饲料和非蛋白氮饲料 4 类。

（1）植物性蛋白质饲料　常见的有豆饼、豆粕、棉籽饼、亚麻籽饼、玉米胚芽饼、芝麻饼、橡胶籽饼，以及各种豆类等。其特点是蛋白质含量较高，但必需氨基酸不平衡，且含有不同程度的抗营养因子。

（2）动物性蛋白质饲料　主要来自渔业、肉食品加工业等，包括鱼粉、肉骨粉、血粉、羽毛粉及蚕蛹粉等。根据我国法律规定，在反刍动物饲料中禁止使用除奶制品以外的动物源性饲料。

（3）单细胞蛋白质饲料　主要包括一些微生物和单细胞藻类，如各种酵母、蓝藻、小球藻类等。其营养价值较高，且繁殖特别快，是蛋白质饲料的重要来源，很有开发利用价值。

（4）非蛋白氮饲料　是指供饲料用的尿素、双缩脲、氨、铵盐及其他合成的简单含氮化合物。此类物质对于动物并无能量的营养效应，只是供给瘤胃微生物合成蛋白质所需的氮源，从而起到补充蛋白质营养的作用。

（三）糟粕类饲料

指制糖、制酒等工业中可饲用的副产物，如酒糟、糖渣、淀粉渣等。

（四）多汁饲料

主要指块根、块茎类饲料，包括甘薯、马铃薯和胡萝卜等。

（五）矿物质饲料

包括食盐及钙、磷类饲料（石粉、磷酸钙、磷酸氢钙、碳酸钙和骨粉）等。

（六）添加剂类饲料

包括营养性添加剂和非营养性添加剂。常见的营养性添加剂有维生素、微量元素和氨基酸等；非营养性添加剂有促生长添加剂、缓冲剂、稀释剂和防霉防腐剂等。目前，研究最热门的是中草药添加剂饲料，中草药添加剂饲料对动物各项功能的提高均有积极影响，不仅可以增强动物机体生长性能、免疫性能、抗氧化性能、胃肠功能、肝脏脂质代谢功能，预防疾病，还可以提高饲料转化效率、繁殖能力、幼仔初生质量，改善乳肉产品的品质。

（七）精饲料补充料

指为补充以粗饲料、青绿饲料和青贮饲料为基础的草食动物的营养，将多种精饲料、矿物质饲料、维生素饲料、微量元素饲料等按一定比例配制而成的混合物。

二、常用饲料的加工与利用方法

（一）青干草

青干草是一种营养相对平衡的饲料，可单一饲喂或粉碎后作为精饲料补充料的组成成分使用。在禾本科牧草抽穗期、豆科牧草初花期，选择晴好天气，将刈割的鲜草摊晒于地势高燥的地面，或挂于竹、木或金属制成的草架上，定时翻晒，当牧草水分含量降至18%以下时，即可打捆或堆垛贮藏备用。

（二）青贮饲料

可用于青贮的原料种类很多，青绿玉米秆、青饲用麦类、瓜、薯藤蔓、蚕豆、甘薯茎叶、野生及人工栽培牧草、饲用树叶等都可利用。规模养殖场（户）建议用砖、石、水泥等建成永久青贮窖，根据地形可采用地上窖和半地下窖。窖址应选择在地势高燥、土质坚硬、向阳、背风、排水良好、远离粪池和水源，管理和利用方便的地方。窖内壁应平整光滑，窖底略高于外设排水孔。青贮窖形状和大小，视地形、取用和饲养羊数量、青贮数量而定。制作青贮数量较少时，也可用塑料大缸和聚乙烯塑料薄膜青贮袋。

青贮时要求原料水分含量为65%～75%，抓一把切碎的青贮原料搓揉并用力握紧后，指间有汁液出现但不流滴为宜。青贮饲料原料切碎长度以1～2 cm为宜。原料入窖后人工或机械压实，要求装一层、踩压一层，并在当天完成；当天无法装填满的可在原料装至一定高度后暂时用薄膜贴紧原料面封闭第二天再继续装填原料。当原料装至高出窖面20～40 cm时，将料面拍成馒头状即可进行封窖，封窖时料面先覆盖6～8 mm聚乙烯薄膜，要求紧贴料面并

压严四边，周边留出 20～50 cm 的压边，在青贮窖上面用潮湿泥土覆盖 10～
25 cm，再用草席盖上，有条件者最好搭棚，防止雨水冲刷和阳光曝晒。用塑
料袋、缸装贮时要求先选好安放地点，应防阳光曝晒、防鼠，避免装贮后搬动
造成破损。青贮窖（袋）密封好后应加强管理，随时检查。窖顶封土如果出现
干裂或下沉，应及时覆盖封眼，防止漏气。装贮因袋上沙眼或袋子被戳破而出
现局部发霉时，应及时用胶布等粘贴。原料一般经 30 d 青贮发酵后就可利用。

青贮饲料利用前应先检查，霉烂和劣质的青贮料不能食用，取用量以当天
采食完为宜，青年羊每天每只喂 1～3 kg。大型窖应从上到下垂直截面取喂，
取面应平整，每次取的厚度不低于 10 cm，青贮袋、缸从料面取用，取料后及
时将塑料薄膜盖严，避免青贮饲料与空气接触，防止泥土等杂物混入。青贮饲
料应从开封点连续取用，直到用完，以防霉变和二次发酵。

（三）氨化饲料

建窖要求用砖砌成永久窖，做到不漏气、不漏水。为了便于封闭和取料，
窖高一般为 1.5 m，宽为 1～1.2 m，长度根据养羊的数量多少而定，最好隔成
两格或多格，便于轮流氨化。

氨化方法：选择无霉变的秸秆，最好是新鲜、水分含量在 40%～50% 的
秸秆，将秸秆铡短至 2～3 cm。每 100 kg 秸秆加尿素 3 kg、石灰 1.5 kg、食盐
0.3～0.5 kg、水 30～50 kg，将尿素、石灰、食盐与水混匀，喷洒在铡碎的秸
秆上拌匀，然后将拌匀的秸秆装一层、踩实一层，装满后的秸秆应高出窖面
30～50 cm，此时将塑料薄膜与水泥窖交接处填涂 20 cm 厚的稀泥进行密封。

秸秆氨化时间与温度有关。温度高，氨化时间短；温度低，氨化时间长。
一般夏季氨化时间为 2 周，春、秋季为 4 周，冬季为 6 周，即可开窖利用。

1. 质量标准

（1）颜色　黄褐色为优，暗褐色或黑色为劣。

（2）气味　糊香味为优，无气味或异常气味为劣。

（3）手感　松软、湿润为优，粗硬、黏手为劣。

2. 饲喂方法

（1）放氨气，取土揭膜，把经氨化的秸秆取出放置 24 h，待氨气充分散发
至无氨气味即可饲喂。

（2）日粮搭配可全喂氨化饲料，也可按 40%～60% 的比例搭配其他饲草

饲喂，可先少喂后多喂，让羊逐步适应。

第四节　主要牧草的利用

一、青饲玉米

玉米是名副其实的饲料之王、高产之王和工业原料之王（据不完全统计，以玉米为原料的产品已有 1 000 多种）。

在农业结构调整中，玉米不再是简单的粮食概念，而被定位在主要饲料作物上。为了达到优质饲料的要求，应以发展优质青饲青贮玉米为主。青饲青贮玉米不但生物学产量高，而且含有丰富的营养成分。技术分析表明：青饲青贮玉米的秸秆营养丰富，糖分、胡萝卜素、维生素 B_1 和维生素 B_2 含量高，是较为理想的草食动物饲料。

利用玉米制作青贮饲料具有很大的潜力。玉米收获时具有很高的干物质产量，干物质含量高于 200 g/kg，因而发酵稳定；非结构性碳水化合物的含量高；具有较低的缓冲容量。与其他饲料相比，玉米具有相对较高的纤维含量，较低的木质素含量。玉米在很长的收获时期内，营养价值保持稳定。玉米青贮饲料有相对较高的能量和良好的吸收率。玉米青贮饲料的主要营养缺陷是粗蛋白质含量低。

二、紫花苜蓿

紫花苜蓿简称紫苜蓿，适应性强，分布广，生长快，产量高，每年收割 3～4 次，每次间隔 40 d 左右。有灌溉条件的地方，每年亩产鲜草 4 000 kg，可晒制青干草 1 000 kg。紫花苜蓿营养价值高，含蛋白质、钙丰富，能够弥补谷物饲料（如玉米）色氨酸和赖氨酸的不足，且具有多种维生素，适口性好。其干草中粗蛋白质含量高于玉米、高粱、大麦、燕麦等谷物饲料。其鲜草中含氮 0.74%、磷 0.06%、钾 0.57%、钙 0.4%。

紫花苜蓿干物质总消化率只有 60% 左右，低于红、白三叶及黑麦草，含有皂素，可溶蛋白质比较高，容易膨胀，解决的办法是改进饲料配方，搭配一定的禾本科牧草。

紫花苜蓿可以显著提高后作的产量，在土地多、干旱的地方可以轮作，种 3～4 年苜蓿后，再种农作物，可以提高产量。紫花苜蓿为多年生饲料作物，只要不衰，4～5年后仍可以继续用下去。要保证苜蓿的常年利用，必须有正确的放牧方法，在每年秋末冬初把牲畜放到苜蓿地里，在霜降之前，让羊彻底地吃干净，控制蚜虫，控制杂草。在收割最后一茬时，要注意留20 d的生长期，以利宿根积累营养过冬。苜蓿长到8～10年，产草量下降，必须更新。

三、饲料桑

饲料桑是育种工作者经过多年不断的杂交和人工选择，选育出的具有良好抗逆特性的桑树品种。与落叶乔木桑树不同的是，饲料桑属灌木，其枝干特别软，因此饲料桑的枝干和叶片均可作为动物饲料。

桑叶的营养成分含量丰富，鲜桑叶样品干物质含量为18.0%～30.5%，干物质基础粗蛋白含量为14.0%～34.2%，有机物含量为86.4%～89.8%，粗脂肪含量为3.5%～8.1%，中性洗涤纤维含量为19.4%～49.7%，酸性洗涤纤维含量为10.2%～31.8%。桑叶中的氨基酸种类丰富，含有多种动物所必需的限制性氨基酸，如赖氨酸（Lys）、蛋氨酸（Met）等。谷氨酸（Glu）在桑叶中所含的氨基酸中数量最高，天冬氨酸（Asp）和谷氨酸占桑叶中氨基酸总量的12%以上，动物机体内蛋白质代谢过程中谷氨酸占据非常重要的地位，谷氨酸也参与动植物和微生物生命活动中多种生物化学反应，同时谷氨酸也是合成γ-氨基丁酸的前体物质，有利于降低及消除动物机体内的血氨，从而保护动物的脑组织。

新鲜的饲料桑与青贮玉米相比具有较好的适口性和较高的消化率，可以刈割后直接作为反刍动物的饲料进行饲喂。刈割鲜喂的加工方式不仅操作简单、成本低，而且可以避免加工过程中营养成分和生物活性成分的损失，使饲料桑可以在动物机体内被最大程度地吸收和利用。新鲜饲料桑的收割一般在5—11月，在动物青绿饲料短缺的春、冬季无法供应；同时每茬饲料桑刈割时间不统一，会导致后刈割饲料桑中的木质素、纤维素，以及桑叶内的抗营养因子单宁和植酸等含量的升高，此时直接饲喂会降低饲料桑在动物体内的消化利用率。

将饲料桑制粒的方法通常分为两种：一是将收割后的饲料桑切成短的颗粒，然后直接配合到全混合日粮（TMR）中饲喂反刍动物；二是利用干燥粉碎或膨化粉碎的方式粉碎后用制粒机制成颗粒日粮饲喂反刍动物。颗粒化日粮不仅可以改善羊瘤胃发酵条件，提高其生长性能，还可以增加养殖的经济效益。所以将饲料桑制作成颗粒化日粮是日后将饲料桑推广应用的途径之一。

干法加工调制主要通过干燥的方法去除新鲜饲料桑的水分，以达到长期保存的目的，目前主要的干燥方法有地面干燥法、叶架干燥法和高温快速干燥法。地面干燥法的具体操作流程是将收割的饲料桑置于地面晾晒，每隔4～6 h翻晒一次，利用阳光使其含水量降至15％～18％，此方法适用于降水量小且日照充足的地区，比较耗费人力和时间。在降水量较大的地区，可使用叶架干燥法：先将收割的饲料桑置于地面干燥6～12 h，将其含水率降低至45％～50％，然后将饲料桑置于叶架上，直至其含水量降低至15％左右。高温快速干燥法是将饲料桑直接高温烘干，当含水量在15％左右时再储存的方法。

青贮是保存新鲜饲料桑最经济有效的方法，也是储存饲料桑常用的方法。具体做法是把收割的新鲜饲料桑切碎压实封闭起来，使其与外部空气隔绝，造成内部缺氧，使其厌氧发酵，从而产生有机酸，可延长其保存时间，既减少养分损失又有利于动物消化吸收。将饲料桑青贮后其保质期可达3～5年，在青绿饲料短缺的冬季能够随时饲喂反刍动物，延长其利用时间。饲料桑青贮的过程中不仅可以杀死饲料桑中携带的有害微生物，同时也会保持其颜色黄绿，气味酸香，具有较好的适口性。

四、红三叶

红三叶又称为红车轴草，其蛋白质含量比紫花苜蓿低一些，但它是一种较好的割草、放牧兼用的豆科牧草，与熟地草混生成很好的草场。红三叶适宜在温暖潮湿、年降水量在1 000～2 000 mm的中性或微酸性土壤中栽培。耐旱性差，能耐寒，以排水良好、土质肥沃的黏性土生长最佳。每年亩产鲜草2 000 kg。晒制过程中，叶子不易脱落，常晒制干草。红三叶虽是多年生牧草，但生活期为3～6年，利用年限为2年，第三年开始衰败。幼苗期比苜蓿生长慢，夏播17～19 d出苗，35～76 d分枝，85～102 d开花，当年籽种不成熟，花期长达两个月，开花时间不整齐。

红三叶耐牧性较差，适合刈割利用。青饲可在花蕾期刈割，调制干草可在开花期刈割，制作青贮可在开花后期刈割。第二、三年产量高，第四年可翻耕种植其他牧草。

五、白三叶

白三叶又名白车轴草，为长命型牧草，有匍匐生长习性。喜温暖湿润气候，最适生长温度范围 20～25℃，适应性强，比红三叶、杂三叶耐寒、耐热。对土壤要求不严，适宜土壤 pH 6～7，在肥沃湿润、排水良好的土壤中生长尤为良好，耐荫蔽，可在园林下生长。再生力强，耐多次刈割和放牧，可作为改良草山草坡的一种优质豆科牧草。

白三叶茎叶细嫩，叶量丰富，不同生长阶段营养成分和价值均比较稳定，开花期干物质中含粗蛋白质 24.7%、粗脂肪 2.7%、粗纤维 12.5%、无氮浸出物 47.1%、粗灰分 13%、钙 1.72%、磷 0.34%，是优质的蛋白质饲料。干物质消化率也很高，一般都在 75%～80%，所以适合各种大小畜禽利用。白三叶产量第一年稍低，亩产 700～1 000 kg，第二年亩产可达 2 500 kg 以上。

白三叶再生能力强，耐踩踏，最适于放牧，也可以刈割青鲜用或晒干草用。刈割利用时，适宜于初花期开始，以后可刈割多次。放牧利用时除播种当年苗期和生长期应禁牧外，其他时间不受限制。放牧时，避免羊过多采食白三叶引起瘤胃膨气。每次放牧后停牧 2～3 周，以利再生。

六、光叶紫花苕 （绿肥）

光叶紫花苕简称苕子，为一年生或多年生草本，根系发达。苕子营养价值较高，鲜草中含水分 84.56%、粗蛋白质 5.12%、粗脂肪 0.45%、粗纤维 3.26%、无氮浸出物 4.8%、粗灰分 1.28%、钙 0.056%、磷 0.049%。属豆科饲料、绿肥两用作物。茎细柔，半匍匐状，尖端有须，可蔓延生长，花紫色，种子黑褐色、圆形。适应性强，耐干旱和霜冻，苗期能耐－11℃左右的低温，对土壤要求不严，但以排水良好的土壤生长最适。耐贫瘠，培肥力强，冬春季其他牧草枯萎，苕子是很好的饲料，是山区冬春饲料的主要来源。青草用不完的可晒制干草，贮备打糠做配合饲料原料，在饲料淡季是家畜的一种优质青绿饲料。旱地间种苕子对改良土壤、增加土壤有机质、降低生产成本、增产效果显著。绿肥牧草使农牧有机结合，是农牧结合的纽带，只有多种绿肥牧草，粮食才能高产稳定，畜牧业的发展才有保障。

苕子产量较高，良好栽培条件下，盛花期一次刈割鲜草亩产量一般可达 3 000 kg，种子量 30～50 kg。鲜饲时，可在分枝期开始刈割利用。苕子适口性好，营养价值高，最好与其他粗饲料搭配使用，才能提高饲料的利用率和防止发生瘤胃臌气。调制干草时在开花盛期整齐地刈割。

七、黑麦草

黑麦草是畜禽鱼的优质青饲料，国外将其比喻为"绿色黄金""绿色地毯"，我国称其为"希望之草"。

黑麦草是目前单产蛋白质最高的植物，且氨基酸、维生素、微量元素都十分丰富，粗蛋白、粗脂肪、无氮浸出物、粗灰分的含量与稻谷和麦麸相近。其茎叶柔软多汁不易老化，适口性极好，使用时间长达 6 个月左右。饲用价值是禾本科牧草中最高的，鲜草每千克干物质粗蛋白的含量为 17%～28%，有的地区高达 30.6%。由于其适口性好，消化率高，不但是牛、羊喜食的牧草，也是饲喂草鱼和其他畜禽的优质饲料。鲜草产量一般亩产 5 000 kg 以上，高的可达 10 t 以上，可反复刈割再生。它的根系发达而入土浅，喜湿润气候，如在拔节前刈割，就像韭菜一样地割了一茬长一茬。从种植到次年初可收获 10 多次。因此，无论是从产量还是从质量与饲喂效果来说，都是目前非常优良的牧草品种。耐贫瘠土壤，抗逆性强，能适应于山地黄壤、红壤、黏壤等贫瘠土壤，而且抗御病虫害能力强。

春秋季生产的过剩鲜草可以刈割后青贮或晒制成干草，以便在冬季缺草时提供高质量的饲草。由于黑麦草的含糖量高，所以特别适合青贮。刈割时间以下午为佳。最好在黑麦草长到 30 cm 左右刈割。另外，黑麦草可耐频繁放牧，非常适合高强度的放牧系统。放牧时，植株应达到 10～25 cm，采食至 3 cm 以下时就应禁牧。

黑麦草是一种秋季种植、冬春利用的草种。黑麦草的推广种植，有利于把种植业生产格局中粮食作物、经济作物的二元结构，调整为粮食作物、经济作物和饲料作物的三元结构。

八、皇竹草

皇竹草又名王草，是一种禾本科狼尾草属宿根多年生高产优质饲草品种，由象草和美洲狼尾草杂交育成，因其茎秆形似竹子故称为"皇竹草"。我国于20 世纪 80 年代从哥伦比亚引进。该草植株高 3.5 m 左右，茎秆圆形、直立、丛生，叶长 160 cm 左右，叶宽 3～6 cm。用茎节一次种植，可使用多年，每年可刈割 5～6 次，昆明地区每亩年产鲜草 5～10 t。茎叶干物质中含蛋白质 14.38%～18.06%，叶片柔软、脆嫩、含糖量高，甜度比玉米高，适口性好，营养价值高。可在较短时间内形成须根网络而牢固锁住水分和土壤，是退耕还草的首选草种。

作为青饲料栽培 45 d 后，当株高 1～1.5 m 时即可刈割用，每年刈割 6～8 次。皇竹草是"大肚汉"，需要大水大肥，每刈割 1 次施 1 次肥，每亩用尿素 25 kg 或碳铵 50 kg 追肥。如果追肥跟不上，地力很快下降，会影响产量。饲喂大型草食动物，可让植株长得高一些再刈割。小型草食动物如山、绵羊，可以刈割嫩草喂羊。

九、鸭茅

鸭茅属多年生丛生草本植物，须根发达，茎直立、光滑，基部扁平。株高 70～120 cm。具有耐牧、耐贫瘠、耐旱、极耐阴、叶量大、草质好、营养价值高等优点。鸭茅是云南省目前栽培价值最大的温带禾本科牧草。

鸭茅一旦建植，草丛密厚，经久不衰，其鲜草可刈割青饲，晒制干草，制作青贮，亦可用于放牧。

十、非洲狗尾草

非洲狗尾草属多年生禾本科牧草。须根发达，入土较深，茎直立，分枝多，茎秆扁圆，疏丛型。株高 150～200 cm，叶长 50～70 cm，宽 5～8 mm，茎叶光滑、蓝绿色略带紫色。圆锥花序紧密呈圆柱状，分枝散开，每枝顶端生 2～5 个小穗，小穗扁平宽大，有 6～12 朵小花，结实 4～8 粒。它适宜在热带、亚热带各种土壤中栽培，既抗旱，又耐水淹。春季返青早，冬春季仍可保持青绿。

非洲狗尾草营养价值较高，草质柔软，适口性好，适宜放牧和刈割青饲，亦可晒制干草，是优质饲料，云南省已大面积种植。

十一、菊苣

菊苣为菊科多年生草本植物。根肉质、短粗。茎直立、有棱、多分枝。菊苣适口性好，粗蛋白含量高，耐旱、耐寒，返青早，再生快，对土壤要求不严，但在肥力高、pH 为 6 的土壤里长势最好。主要栽培品种为普那，由新西兰育成，引入我国后于 1997 年获品种登记。

菊苣茎叶生长繁茂，生长快，叶片肥嫩，营养价值高，是各种畜禽优良的饲草饲料。植株成熟后不收则逐渐衰老腐烂，并易引起病虫害的发生，故应及时收割或放牧利用。菊苣以刈割青饲为主，也可放牧或调制混合青贮饲料，但因水分含量高，调制干草比较困难。菊苣产量高，平均亩产 6 000 kg 以上，年刈割 4～5 次，甚至更多次，留茬高度 10～20 cm。每次刈割后应追施足量的氮肥。

第六章
圭山山羊饲养管理

第一节　圭山山羊羔羊的饲养管理

羔羊的健康水平与后期的生产性能密不可分，保证羔羊的健康是提高奶山羊养殖经济效益的重要方式，而羔羊由于机体器官和各个系统的发育并不完善，容易受到外界病原微生物和环境的刺激，发生疾病。在羔羊养殖过程中，饲养管理人员应当根据羔羊不同生长发育阶段的生理特点不断提高饲养管理水平，为羔羊营造一个安全、舒适的生活环境，同时做好常见疾病的预防和控制工作。

一、新生羔羊护理

羔羊出生后，要及时把身体擦干净，注意清除羊羔口腔、鼻孔里面的黏液和羊水，以防止小羊羔出现假死的现象。如果母羊的恋羔性弱，我们可以把羊羔身上的黏液涂抹在母羊的嘴上，或者是在小羊羔身上撒一层麸皮，让母羊舔食，以助于建立母仔感情。如未自然断脐，应进行人工断脐。羔羊应于出生 2 h 内吃上初乳，可采取人工辅助法保证喂乳。羔羊初生后 7 d 内去角，并编挂耳号。在冬季或者早春季节，天气一般都比较冷，所以小羊羔出生以后很容易感冒，还会因为着凉而引发腹泻，所以给小羊羔保暖也很重要。在小羊羔趴卧的地方，我们可以多铺一些垫草，或者是干净的布块，避免小羊羔在休息的时候着凉。

二、羔羊饲养管理

羔羊舍应有保温防寒设施，饲养温度 20℃ 左右为宜。每天观察羔羊的吃乳、采食、饮水、精神状态及粪便情况，遇有进食异常、腹泻、拱腰、发抖、气喘或呆立者，须及时治疗，疑似患传染病的羊应及时隔离。每周对羔羊舍全面消毒一次。厚垫褥草经常更换和晾晒，降温时加厚褥草。羔羊每日外出运动一次，时间不少于 1.5 h。出生后 10 日龄开始训练吃草料。

（一）断奶

羔羊出生后需要经过 2～3 个月的哺乳期，其间瘤胃逐渐发育成熟，菌群定植后可以对饲料中的粗纤维进行消化，此时便可逐步断奶。常规断奶一般 2～3 月龄时为最佳，断奶过早可因瘤胃发育不全而不利于后期育肥，而断奶过晚又会影响母羊的充分利用。

（二）防控瘤胃疾病

羊在断奶前其日粮以母乳为主，断奶后日粮组成完全转变为羔羊料，日粮结构的改变需要瘤胃菌群进行快速适应性调整来帮助消化。在实际生产中，有部分羔羊在断奶后表现前胃迟缓、瘤胃积食、瘤胃胀气等病症，使得饲料营养无法被充分消化和吸收，故建议断奶后将瘤胃疾病的预防作为重点。饲料中可按照 0.1% 的比例添加益生菌制剂，首选酿酒酵母菌、枯草芽孢杆菌、丁酸梭菌、粪肠球菌、植物乳杆菌和双歧杆菌等菌种，通过额外增加益生菌数量的方式来抑制有害菌繁殖，降低菌群失调的风险。瘤胃疾病发生率高的羊场建议调整饲料配方，同时以大枣 40 g、山药 20 g、炙甘草 9 g、生姜 15 g，加 1 000 mL 水，煨煮浓缩至 30 mL，每天每只羔羊 2 mL，加入饮水中饲喂，可有效增强羔羊的抗应激能力，预防腹泻等断奶应激综合征。

（三）做好消毒

消毒的目的是杀灭环境中存在的病原，切断疫病扩散途径。对于羔羊来讲，其断奶后需要合群进行集中饲养，而不同羊体内携带的条件致病原存在差异，加上免疫系统发育还未健全，容易受外来病原入侵，故在合群后的 2 周内必须加强消毒。消毒包括动物消毒、场内环境消毒、外来人员和车辆消毒、入场前消毒等。大动物消毒可使用 0.1% 戊二醛癸甲溴铵溶液，每天喷雾 1 次，有疫情流行时可提升至 2～3 次/d。场内环境建议使用过氧乙酸溶液或煤酚皂溶液喷洒，以减少地面病原传播。外来人员和车辆消毒可在养殖场门口设置消毒池和消毒间，消毒剂推荐使用0.2%过硫酸氢钾溶液，通过喷淋和雾化的方式进行消杀。入场前消毒是为了防止上批次羊残留病原对本批次造成影响而采取的措施，建议用无挥发性、杀菌谱广的消毒剂，如生石灰、漂白粉等，必要时可用火焰枪进行灼烧。无论采用何种方式，消毒前最好先做好场内卫生，以防影响消毒效果。

（四）加强对产气荚膜梭菌感染的监控

产气荚膜梭菌是一种常发于反刍动物的病原菌，即使在健康羊体内也能以条件致病菌存在。羔羊是产气荚膜梭菌发病的主要群体，尤其是有应激因素产生时，其发生率显著提升。病羊以羔羊痢疾、羊猝狙、羊快疫和肠毒血症多见，具有发病急、病程短、治疗难度大等特点。羔羊断奶将面临日粮结构、饲养环境及饲养员的改变，这三种因素累积的应激反应很容易继发产气荚膜梭菌快速繁殖而引发此病。因此可于断奶后7 d内接种三联四价疫苗，通过疫苗抗原刺激机体产生抗体来抵抗该菌入侵。管理人员在羔羊断奶后需要加强巡场，发现病羊第一时间隔离。由于该病发病急，基本无治疗时间，且根据临床经验虽使用药物治疗，但治愈率不高，因此病羊优先选择淘汰处理，尸体处理时务必远离生产区，以防病原扩散。温暖潮湿环境有利于产气荚膜梭菌繁殖，且该菌可形成抵抗力强的芽孢体，建议预防从环境入手，羔羊场务必建在高燥地区，做好舍内卫生管理工作。羊粪做到每天清理，集中在安全区域进行堆肥发酵和无害化处理。

第二节　圭山山羊母羊饲养管理

母羊生产阶段主要有妊娠阶段、干奶期阶段、泌乳初期、泌乳中期、泌乳高峰期及泌乳后期，奶山羊不同饲养阶段要注意的饲养要点不同。

一、后备母羊饲养管理

（一）科学调控饲养方案

羊场应定期检测后备母羊生产性能，依据其生长情况，结合培育目标，科学制订与合理优化后备母羊饲养方案。如需后备母羊早期配种，则其体重应达到成年母羊体重的 70%。同时，后备母羊饲养时，各栏饲养数量应控制在 8～10 只，且应根据饲养时间、后备母羊体重增长情况适度调整饲养密度，以确保后备母羊运动及休息空间充足，避免因饲养密度过大而阻碍后备母羊正常发育。

（二）饲喂及运动管理

后备母羊日粮以青、粗饲料为主，精料每日 0.2～0.4 kg，粗饲料充足时，可以酌减精料。不可随意调节后备母羊的饲养圈舍，且不可在羊场内同时饲养其他禽畜，以免存在带菌动物，导致后备母羊感染传染性疾病。平时要对后备母羊的进食情况、体表特征、行动情况以及精神状态进行全面的监察与分析，一旦发现后备母羊食欲不佳、精神萎靡或体重异常下降，应立即隔离饲养，并科学鉴别与诊断疾病，采取对症治疗，进而为后备母羊的健康成长提供保障。

（三）提供充足、洁净的饮用水

后备母羊饲养管理中应按照每日每只 3～5 L 的量为后备母羊提供饮用水。同时，根据气温变化情况合理调控后备母羊的饮用水供给量。例如，夏季高温天气下，需要增大饮用水供给量。同时，饲喂过程中，若饲料中粗蛋白、粗纤维含量较高，也需要适当增加后备母羊的饮用水供给，若饮用水不足会影响后备母羊正常代谢。也可在后备母羊圈舍内安装自动饮水装置，由后备母羊自主饮水，防止因缺水而导致后备母羊中暑或患病。

（四）采用科学补饲与限制饲养措施

精料补饲，4 月龄后备母羊正处于断奶期，此时后备母羊生长发育较为快速，营养需求量大。此阶段是饲料转换关键期，因而需要针对断奶母羊进行及时的精料补饲，补饲时间一般为 30 d 左右。在此过程中，采用放牧饲养方式的后备母羊，应在放牧回归后，为其提供一定量的优质青饲料，切不可突然中止补饲。采用舍饲方式的后备母羊，主要饲料应选用精料，并添加适量的微量元素及多种维生素，以确保后备母羊饲料营养的全面均衡供给。

限制饲喂，后备母羊生长至 8～12 月龄时，需要限制饲喂，以免其膘情增长过快而对其配种后的繁殖能力产生影响。采用放牧饲养的后备母羊，饲料中除了补加部分必要的微量元素之外，无须再补饲精粗饲料，而采用舍饲方式的后备母羊，达到 8 月龄后，应降低其饲料供给量，以免其性功能早熟，此时需要加大饲料中的蛋白质含量，减少添加剂。为使后备母羊体质有所增强，应为其提供干草、牧草或青贮饲料，且饲喂期间应定期称量后备母羊体重，防止其体重增长过快。

（五）确保后备母羊运动量充足

规模化羊场可选择平坦场地建设后备母羊运动场所，并设置专门的驱赶运动场，每周选择固定时间驱赶后备母羊运动，或让其在运动场内自由运动，一般运动时间应为 1～2 h/次，且一周不可少于 2 次。夏季时节，应选在早、晚两个相对凉爽的时段作为后备母羊的运动时间，以免日间光照过强使运动中的后备母羊中暑。冬季时节，则可选择在午间气温较高时段运动，防止气温过低导致后备母羊着凉感冒。通过充足的运动，可防止后备母羊过于肥胖，避免其性发育过早或早衰，可有效提升后备母羊的繁育年限。

（六）科学调控羊舍温度及湿度

夏季高温天气下，若羊舍内部温度高于 30℃，则可能导致后备母羊食欲降低，生长发育速度下降。为此，后备母羊饲养圈舍内部的温度应控制在 15～25℃，并且夏季需要做好防暑降温措施，可在羊舍上加盖遮阳棚或采用水雾降温措施，安装通风设施增强通风效果等，且还需要对日粮配方做合理调整，加大饲料的营养浓度，尽可能不用菜粕作饲料，而冬季羊舍内温度达不到 13℃时，需要做好门窗封堵等保温措施，还需要酌情增加日粮中的能量供给。同时，需要定期清理羊舍，控制好光照强度及时长。羊舍内部湿度需控制在 60％～75％，防止因空气湿度过大使后备母羊患皮肤病或引发腹泻。若羊舍内湿度过大，可将焦泥铺撒在羊舍内及过道上，以提升羊舍内的干燥度。

（七）选育配种技术

选育后备母羊时，需要筛选出品种特征显著、体格壮硕、身体健康、具备良好繁殖性状、具备较长繁殖寿命的优质母羊。因而需要在选育阶段实施 3 次筛选，出生后应立即建立系谱档案，注明后备母羊初生重量、窝产羔羊数量、并实施初筛，筛选出母本产羔量大、泌乳量高且具备良好母性的母羊作后备母羊。断奶后，还需要结合其体重再做一次筛选。后备母羊达到6月龄后，应综合考量其体重、外貌及体型，实施第3次筛选。淘汰外阴闭锁、外翻、阴户发育不成熟或外阴受损的后备母羊。脚垫受过伤、性格好斗的后备母羊也应淘汰。若后备母羊一直未发情，应先采取综合性繁殖措施，若促发情后90 d内仍不发情，则淘汰。结合母羊生长发育情况、合理选择初配时间和初配阶段，需要对后备母羊的质量给予高度重视，确保相应时段内其体能及性机能均衡发育直至成熟，而后结合配种规划，根据其膘情状况，选择适合的初配时间，以增强后备母羊的繁殖利用年限，提升其繁殖能力。初配期间，需要严格预防后备母羊早配或偷配，否则会因配种过早而影响自身发育的完善性，因其生理机能发育不完全，降低后备母羊的繁殖利用年限。通常后备母羊自4月龄开始即出现发情现象，在10～12月龄期间性发育才会成熟，所以应于10月龄后将后备母羊转入配种舍内，在半个月左右的短期优饲之后，结合后备母羊的体能情况，适量添加营养成分，使其背膘厚度提升，并促进其排卵量、排卵质量提升。需要做好后备母羊发情日期记录，于第2次或第3次发情时实施配种。配种应避开夏季，选在春秋两季最为适合。

二、繁殖母羊饲养管理

根据母羊自身生理阶段的不同可分为空怀期、妊娠期和哺乳期，每一个阶段的饲养方法都不一样。养殖人员结合不同阶段的特点采取有效的饲养管理技术进行饲养，从而提高母羊生产能力。

（一）空怀期

空怀期是指羔羊断乳后到母羊再次妊娠的这段时间。空怀期由于受到产羔季节因素的影响，所以很可能会导致已表现出性成熟的母羊其躯体却没有发育成熟的情况出现，并且妊娠会消耗母羊过多的营养，所以养殖人员不应当过早给母羊配种，有效减少初生羊羔死亡的概率。并且，为了更好地保证母羊的健康，应当仔细分析空怀期母羊的实际情况，然后合理地进行饲料搭配，让母羊可以保证身体健康。另外，在对空怀期母羊进行饲养管理时，饲养人员应当充分考虑到母羊在受孕和生产过程中会损耗大量的营养物质，所以，饲养人员要提前给母羊提供充足营养，一般维持3个月左右，以保证母羊能够再次发情，取得良好的繁殖效果。在配种前 1.5 个月，根据母羊的体况，合理配制饲料，以保证它们能够得到充足的营养。对于体况较好、膘情合适的母羊，饲喂应以粗料为主，适量供给精料，以免过肥。对于体质比较瘦弱，在哺乳阶段耗能较大（高产或产乳量高）的母羊，应采取短时间高品质喂养，提高饲料中蛋白质、维生素、矿物质的比例，提高新陈代谢能力，达到最佳的配种效果。

（二）妊娠期

母羊孕育周期的前 3 个月称为妊娠前期，在妊娠前期胎儿的发育很缓慢，它们处于一个非常脆弱的阶段。因此，可以采取放牧或者补饲的方式饲养，在饲喂的过程中不能给母羊饲喂霉变饲料、冰水等，尽可能选择优质的饲料，这样可以有效提升羊群的繁殖率；在放牧的过程中也要注意防止母羊受到惊吓或过度运动，如果妊娠期的母羊遇到了枯草期，则应当用秸秆及其他草料饲喂，确保母羊可以保持良好的营养状况。

母羊孕育周期的后 2 个月为妊娠后期，在妊娠后期，胎儿的发育速度会越来越快，体重也会迅速增加，并且胎儿从母羊体内吸收的物质也会越来越多，如果这时没有做好相关的饲养管理工作，就会导致母羊无法供给胎儿充足的营养物质，进而使得胎儿发育缓慢、存活率降低。因此，应当科学地选择放牧方式，关注干草、青贮饲料的配合使用，多给母羊补饲一些富含营养物质的精料、青贮料，另外也要考虑到营养的配比，保证营养的均衡，避免出现营养过剩对胎儿健康状况造成不利影响。于预产期前 7 d 开始，以中药干姜 20 g、白术 20 g、茯苓 20 g、山药 30 g、车前草 15 g、党参 30 g、香附子 15 g、龙胆草 2 g、川芎 5 g、当归 10 g 混匀粉碎后，按 2% 剂量添加拌料饲喂至生产当天停止。可增强母羊免疫力，保证母羊产后有足够乳汁饲喂羔羊。另外，避免给母羊饮用冰水，减少饲养管理过程中流产发生的概率。同时，在饲料中添加一些麦麸皮可有效避免母羊便秘。此外，需要注意：在母羊产仔前一周减少精料，改为放牧，让母羊能够保持充足的运动量。在母羊生产之前对羊舍进行全面的消毒，维持产房环境的卫生。

（三）泌乳期

1. 泌乳前期的饲养管理　母羊产后 6～20 d 为泌乳前期，也称恢复期。母羊产后常有饥饿感，但消化功能弱，1 周内应主要喂易消化的饲草，如自由采食优质干草。同时，喂温盐水、米粥或小麦麸粥，并根据母羊体况、食欲等灵活掌握精料和多汁料的饲喂量。1周后逐渐增加精料、青贮料及多汁料的喂量，2周后应达到饲养标准规定的营养水平。依据母羊体况、食欲和产乳量来决定喂量增加多少和增速的快慢，不能操之过急。每天增加的精料量不能超过0.2 kg，以免引起消化不良、肠胃功能紊乱等病症。对体弱消瘦、消化力弱、食欲不振、乳房膨胀不够的母羊，可喂少量含淀粉多的薯类饲料。泌乳母羊饲粮中粗蛋白质含量以 12%～14% 为宜，粗纤维含量宜在 16%～18%，干物质采食量为体重的 3%～4%。对乳房水肿的高产母羊，在产羔5d后，要注意运动并按摩或热敷乳房，每次 3～5 min，促使乳房消肿。初乳为羔羊必需的饲料，应尽早让其自然哺乳，辅助羔羊均匀采食双侧乳房，把吃不完的一侧乳房中的初乳挤掉，每天 3～4 次。保持圈舍干净，勤换垫草，防止乳房和阴道感染。初乳期让母羊在圈内自由运动，7 d 后放牧或进行驱赶运动。还可于母羊生产完当天开始，以中药当归 15 g、川芎 10 g、桃仁 10 g、干姜 15 g、党参 20 g、黄芪 20 g、炙甘草 15 g、杜仲 10 g、山药 10 g 混匀粉碎后，按 2% 剂量添加于饲料日粮中饲喂 7～10 d，有效促进母羊产后机体的快速修复，增加其泌乳量和增强免疫功能。

2. **泌乳高峰期的饲养管理** 产后 20～120 d 为泌乳高峰期，以 40～70 d 的产乳量最大。随着产乳量上升，母羊从饲粮中获取的营养物质不能满足产乳需要，需动用体内储备的营养物质，致使体重呈下降趋势。此阶段应精心饲养管理，充分发挥母羊泌乳潜力，以达到高产、稳产。饲粮应由优质青干草（占体重 2%）、青草或青贮料、块根块茎类和混合精料组成。青草和青贮料的喂量要适中，粗饲料中能量、蛋白质、矿物质和维生素不足部分由混合精料（包括矿物质和维生素添加剂）来补充。要根据粗饲料的质量和产乳量调节精料的喂量。饲粮组成应多样化、适口性良好、体积小。饲粮营养水平高时，可增加饲喂次数和挤乳次数，并让母羊进行适量运动。最好是舍饲加放牧。在优质的天然或人工草地上放牧，可使母羊有足够的运动量，接受充足的阳光，并可降低饲养成本。推荐的营养需要量是群体的平均量，对高产母羊或产乳高峰期母羊要特殊对待，应在规范的营养水平基础上，采取超标准饲喂法进行试探性加料催乳。母羊的产乳对能量摄取量的反应较敏感，一般用增加精料饲喂量来催乳。具体方法是，从产后 20 d 开始，每天在原来精料（0.5～0.75 kg）基础上增加混合精料 50 g，只要产乳量增加就继续加料，直到产乳量不再增加时即停止增加精料，并将该精料喂量维持 5～7 d。随后，根据母羊产乳量、乳脂率、体重、食欲调整精料喂量，按泌乳母羊营养需要量供给。在催乳过程中要注意观察母羊的食欲、粪便及产乳量变化，如果食欲不佳、腹泻或粪便中带有饲料颗粒，是消化不良的表现，就应停止增加精料喂量。母羊产乳高峰和采食高峰往往不同步，产乳高峰出现得早，而采食高峰来得晚。为防止母羊体内贮存的营养损失过多，而影响健康，应在干乳后期增加营养，使身体组织贮存一定量的营养物质，供下胎产乳高峰期利用。产前 15～20 d 应逐渐增加精料喂量，由原来的 0.5～0.75 kg 逐渐增加到 1.0～1.5 kg。在产乳高峰期，要根据粗饲料质量确定饲粮的精粗比例，粗饲料质量优良时，可按 1∶1 的比例饲喂。精料过多会引起消化紊乱、酸中毒和乳脂率下降等，但饲粮中粗纤维含量也不宜超过 17%。应均衡供应优质青干草，让泌乳母羊自由采食。精料、青贮料、多汁料则定时定量饲喂。要精细管理，使其保持旺盛的食欲、适量运动及良好的血液循环功能，经常刷拭羊体，定期修蹄。注意圈舍卫生，防止发生乳腺炎，并供应充足的饮水。

3. 泌乳稳定期的饲养管理　产后 120～210 d 为泌乳稳定期。此时母羊产乳量缓慢下降，是正常的泌乳规律，但要精心饲养管理，保证饲粮的全价性和充足的饮水。在天气干燥炎热时要预防中暑和防止蚊蝇侵扰，在阴雨潮湿的天气要注意防潮。应尽量避免饲料、饲养方法和管理程序的急剧改变，转变饲粮类型要逐渐过渡进行，随产乳量下降而减少精料的喂量。若放牧，宜早晚放牧，中午休息。

4. 泌乳后期的饲养管理　泌乳后期是指产后 210 d 到干乳这一阶段，多因发情、配种的影响，母羊该阶段产乳量下降较快。通过精心饲养管理，有可能使产乳量下降得缓慢一些，并逐渐向干乳期过渡。此阶段母羊获得的营养物质有双重用途，既要满足产乳和胚胎生长发育的需要，又应保证营养物质的平衡性和全价性。对群饲的奶山羊，应按个体产乳量分群饲养。给高产母羊饲喂高营养水平的优质饲粮，对低产羊群可采用低饲料成本、提高乳脂率、改善瘤胃功能和促进泌乳持久的饲养方式。日常饲养管理中要做到圈净、料净、饮水净、饲槽净和羊体净。夏季和秋季要注意羊舍通风换气、防暑、防潮、防蚊蝇。不要轻易改变工作日程、饲养程序及挤乳方法，在必须改变时也要注意逐渐进行。要特别注意保护母羊乳房，及时将乳头上黏附的粪土等污染物擦洗干净。挤乳前要用温水擦洗乳房，并经充分按摩后再挤乳，每日挤乳次数不少于

2次。泌乳母羊饲粮的基础饲料为青贮玉米和青干草或花生秧,绿饲料占2/3,干草占1/3。混合精料由玉米50%、麸皮25%、豆粕15%、大麦10%组成,一般每产1kg乳喂0.35~0.4kg混合精料。骨粉和食盐分别按精料的1.5%~2.0%和1%供给,喂少量青苜蓿。

5. 干乳期饲养管理 奶量低、营养差的母羊,在泌乳7个月配种、妊娠1~2个月后奶量迅速下降,会自动停止产乳。高产奶羊需要人工干乳,分逐渐干乳法和快速干乳法,前者指逐渐减少挤乳次数,打乱挤乳时间,停止乳房按摩,适当降低精料,控制多汁的饲料,限制饮水,加强运动,使羊在7~14 d内逐渐干乳。后者指在预定干乳那天,认真按摩乳房,将乳挤净,擦干乳房,用2%的碘液浸泡乳头,再向乳头孔注入青霉素或金霉素或一定量的相应针剂,用火棉胶予以封闭,之后就停止挤乳,乳房积乳1周内会逐渐被吸收,干乳结束。停止挤乳后要随时检查乳房,若乳房肿胀厉害,发红、发亮、发硬,触摸时有痛感,就要把乳挤出,重新干乳。如果有乳腺炎,需治疗好后,再进行干乳。干乳中若乳中有血丝,不应停止挤乳,待正常后再干乳。干乳一般在妊娠90 d开始。干乳期平均60 d,具体天数,应根据母羊营养状况、乳量高低、体质强弱、年龄大小而定,一般在45~75 d。营养供给应全面且数量充足,粗饲料应适当减少,且尽量用柔软类粗料,如用微贮类饲料或优质豆科类青干草,量应占体重的3%或者青草占体重的7%~8%,防止其体积过大,压迫子宫,影响血液循环及胎儿发育、引起流产。为满足胎儿营养需要、促进母羊乳房膨胀、防止产后暴食精料、引起消化机能障碍,应逐渐增加粗蛋白15%~16%、含有2%骨粉的精料至0.6~0.8 kg,在羊舍挂舔砖盐块,任其自由舔食,以保证矿物质和食盐需要。应禁止饲喂麦草、干燥玉米秆、枯草、霉变饲草、酒糟、发芽的马铃薯,大量的棉籽饼、菜籽饼和过量的精料、冰冻的饲料,每天补充一些胡萝卜、南瓜、青叶类富含维生素的饲料。饲喂应先粗后精,适口性差的先喂,每天早晚饲喂2次,中间可补饲1~2次粗料。规模羊场应将精粗料按营养标准、精粗比例(精料干物质不超过40%)用TMR机混合后饲喂。严禁空腹饮水、饮冰冻水、大量饮水,不管是用水槽或饮水器饮水,冬季饮水都应有保温设施,水温不能低于8℃,能保证自由饮水。饮水槽、食槽应定期彻底清洗消毒,下次使用前若有剩余水、料,尤其青贮料,应清理干净。产前1周左右,应减少精料喂量,膘情好的羊可不喂精料,防止出现消化不良、胎儿过大、难产。

第三节　圭山山羊种公羊饲养管理

精心管理的种公羊体格健壮、膘体适中、精力充沛、性欲强、精液品质优良、配种成功率高、子代健壮、子代的生产性能高、种用年限长。种羊场应严把种公羊留种关，将符合本品种特性、雄性性状优秀的公羔羊留作种用，采取科学合理的饲养管理方法，把留种用的后备羊培育成优良的种公羊，为羊群的健康、稳产、高产、持续发展奠定坚实基础。

一、配种预备期的饲养管理

配种前的 30～45 d 是种公羊的配种预备期，要做好该时期的饲养管理工作，目的是促进种公羊的健康生长，保证种公羊的体况适合配种。在配种预备期的管理方面，要加强寄生虫病的防控，做好该时期的驱虫工作，提高疫病的治疗效果。在该阶段还要做好公羊的修蹄工作，通过修蹄能够保证蹄部的健康，预防缺钙，同时能够提高种公羊的繁殖能力，提高采精的效果。如果种公羊的蹄部过长，会影响采精操作。在修蹄过程中，要注意观察蹄部是否发生畸形和病变，一旦出现缺钙的现象要及时补充钙及其他微量元素，以提高种公羊的繁殖能力。在配种预备阶段，应为种公羊提供充足的营养，科学地调整日粮配比结构，适当地增加精饲料的比例，可以将原来的精饲料和粗饲料比例调整到 3∶7 或者 4∶6，在调整日粮的过程中也要控制好饲喂量。需要注意的是，该阶段的精饲料喂养量应该控制在配种期的 60%～70%，之后逐渐增加精饲料的饲喂量。在预备期阶段，对公羊进行采精训练，定期检查精液的品质，在配种前的 7 d，以中药淫羊藿 15 g、肉苁蓉 15 g、鹿角霜 15 g、熟地 15 g、鹿衔草 15 g、骨碎补 15 g、当归 10 g、杜仲 10 g、鸡血藤 8 g、制黄精 15 g、炒白术 15 g、三棱 15 g、莪术 15 g、白芍 30 g、桂枝 12 g、厚朴 10 g、栀子 10 g、元胡 10 g、生牡蛎 30 g 混匀粉碎后，按 2% 添加量拌料饲喂，可提高精液品质，提高配种成功率。在该时期还要做好种公羊的运动管理，适当增加运动量，通过运动促进种公羊的性欲提升，提高精液的质量，每天的运动量不能少于 6 h。为种公羊提供充足的饮水，注意日粮中钙的比例，钙、磷比不低于 2∶1，能够防止尿结石。

二、配种期的饲养管理

在配种预备期结束后，进入配种期，种公羊性欲比较旺盛，经常处于兴奋的状态，采食会受到影响，须坚持少喂勤添的原则，保证种公羊能够采食到充足的饲料，保证营养的供给。在配种阶段，要加强饲料营养水平，因为种公羊精液中的主要成分为蛋白质，在日粮中添加适量的粗蛋白（15％～17％），精饲料的饲喂量应该控制在 0.5～1 kg，青干草 2～3 kg，青绿饲料 2～3 kg，并适当补充食盐和骨粉。草料每天分 2～3 次供给，提供充足和干净的饮水。在配种的旺盛期，种公羊的配种任务比较繁重，需要调整精饲料的饲喂量，每天调整到 0.8～1.3 kg，并且添加动物性蛋白质饲料，如鸡蛋 1～2 枚。春季青草比较缺乏，种公羊容易缺乏维生素，做好该时期维生素的供给，可以多次喂食维生素类的饲草饲料，如紫花苜蓿干草。夏季是青草生长旺盛的时期，并且青草的含水量较高，喂食太多很容易使种公羊腹泻，要做好干草的晾晒工作。种公羊喜欢干燥和温暖的环境，要控制好养殖场内的温度和湿度，确保精液的品质，调控好温度和湿度。一般情况下，青年种公羊每天采精 2 次左右，成年种公羊的采精次数可以适当地增加，每天最多不能超过 4 次。在配种季节也要保证种公羊的休息时间，每周至少休息 2 d，否则会过量消耗体能。

三、不同季节的饲养管理

1. 高温季节的饲养管理　高温会影响种公羊的生长发育，种公羊的采食量下降，营养物质摄入不足，会导致繁殖性能下降，性欲比较低，影响精液的品质。此外，在高温季节，种公羊的生精功能也会受到影响。为此，夏季主要以降温为主，可以在养殖场内安装风扇来加大通风量或增加窗户开放数量等，遇特殊高温天气可在圈舍内适当地洒水，保证水槽每天都有清凉的饮水，同时保证料槽干净清洁。此外，如果降温导致圈舍内过于潮湿，可以放石灰吸潮，或者在地面上撒上白灰。种公羊长期生活在高温的环境下会影响精液的品质，应该选择在每天的早上或者傍晚采精，如果温度过高，应选择冷敷睾丸的方式，避免刺激睾丸。在高温季节还要做好种公羊运动量的管理，运动量直接影响精液的品质和性欲。如果运动不足，会导致种公羊过于肥胖，精子的成活率下降；如果运动量过大，会造成体力消耗过大，不利于种公羊的健康。为此，应合理安排运动时间，在夏季高温季节可以适当地延长早上和下午 16 时后放牧，中午时段让种公羊充足地休息。

2. 低温季节的饲养管理　低温季节母羊的发情次数比较少，该时期种公羊的配种任务少，应该让种公羊充分休息。冬季圈舍的气温较低，在保障圈舍通风的同时要确保圈舍内的温度，勤更换垫料，保证圈舍的干燥。遇到寒冷天气时，应减少外出放牧和运动次数。在冬季也应该让种公羊有一定的运动量，可以在中午气温比较高的时段运动，能够起到增强体质的作用，并且能够提高种公羊的性欲，保证精液的质量。

四、提高种公羊配种能力的措施

通过人工授精的方式，种公羊一次的射精量能够给几十只母羊配种，可大大提高配种的效率。同时，还可避免本交带来布鲁氏菌病等繁殖性疾病的传播风险。

在配种之前一个月左右，可有计划地对种公羊进行调教。通常情况下，调教的方法主要是让公羊和母羊能够自然交配，如果种公羊的性欲比较低，可以将母羊阴道分泌物涂抹在公羊鼻尖上，刺激其性欲。此外，可以按摩睾丸，每天早晚各一次，每次 10 min 左右。

五、不孕不育种公羊的治疗措施

1. 营养性不育　为种公羊提供营养物质是保证其性欲旺盛和精液品质优良的前提条件，保证营养供给水平，适当补充全价的蛋白质和充足的维生素，还要辅助投喂优质豆科牧草和胡萝卜，在进入配种期之后，每天采精的次数在 2～3 次。

2. 功能性不育　功能性不育主要包括精子异常、性欲下降和不能射精等。针对性欲比较弱的公羊，可以肌内注射绒毛膜促性腺激素，每周两次，连续注射 4～6 周。或者肌内注射十一酸睾丸素，控制好剂量，同时注射丙酸睾酮。为了提高治疗的效果，可以每天使用 40℃ 的热毛巾按敷睾丸 2～3 次，每次 5～10 min。将治疗后的种公羊和发情的母羊混群，可检查种公羊的性欲能力。治疗后的种公羊如果精液还没有达到规定的标准，应该及早淘汰。

六、种公羊的疾病控制

饲养种公羊的过程中可能会遇到各种类型的疫病，影响种公羊的繁殖能力。

在日常养殖的过程中应该加强对羊舍和周围环境的消毒，在春季进行一次驱虫，减少寄生虫病的发病概率，在饲养的过程中注意观察公羊的采食量，一旦出现异常情况要及时检查，避免出现胃肠消化道方面的疾病。此外，为了减少疫情发生的概率，要做好传染性疫病的疫苗接种工作，尤其是在疫区，要结合当地的疫病流行病学实际情况来接种疫苗，选择正规厂家生产的疫苗，采取科学的注射方法，控制好注射剂量，提高种公羊的免疫效果，保证种公羊的繁育能力。

第四节　圭山山羊育肥羊饲养管理

圭山山羊有放牧育肥、舍饲育肥、混合育肥三种育肥模式，各种模式将采取不同饲养管理方法。

一、放牧育肥

石林县及周边地区山地多，野生饲草资源丰富，农村养羊习惯放牧育肥。一般常年四季都放牧，在5—10月期间更为常见。

放牧育肥的优点是成本低，收益相对较高。缺点是常常要受气候和草场长势等多种不稳定因素变化的影响，并因此使得育肥效果不稳定。

放牧育肥的关键是水、草、盐，这几方面要同时配合好。每天要适当安排饮水，并补给一定量的食盐；如果每日采食青草量不足，应补给一定数量的青干草和精料。

二、舍饲育肥

舍饲育肥是根据育肥前的状态，按照标准的饲料营养价值配制羊的饲喂日粮，并完全在羊舍内喂、饮的一种育肥方式。

采取舍饲育肥虽然饲料投入相对较高，但可按市场需要实行规模化、集约化、工厂化饲养。这能使房舍、设备和劳动力得到充分利用，劳动生产效率也较高。这种育肥方法在育肥期间内可使羊较快增重，出栏育肥羊的活重较放牧育肥和混合育肥羊高10%～20%。在市场需要的情况下，可确保育肥羊在30～60 d迅速达到上市标准。

舍饲育肥的日粮一般按混合精料45%、粗料和其他饲料55%的比例配合。如果要求育肥强度再大些，混合精料可适当增加，但不能超过60%，以免引发肠毒血症、臌气症等疾病。

三、混合育肥

混合育肥一般有两种形式：一种是在育肥全期，每天均放牧，同时补饲一定数量的混合精料，以确保育肥羊的营养需要；另一种是把整个育肥期分为 2～3 期，前期全放牧，中、后期按照从少到多的原则，逐渐增加补饲混合精料的量，再配合其他饲料来育肥。开始补饲育肥羊的混合精料为每天 200～300 g，最后一个月增至每天 400～500 g。前一种方式适用于生长强度较大和增重速度较快的羔羊，后一种方式则适用于生长强度较小及增重速度较慢的羔羊和周岁羊。

混合育肥可使育肥羊在整个育肥期内的增重比单纯依靠放牧育肥提高 50％左右，同时，屠宰后羊肉的味道也更好。

第五节　生物安全

生物安全体系是指采取必要措施最大限度地减小各种致病因子对动物群体危害的一种动物生产体系。主要包括动物与养殖环境的隔离、人员物品流动控制及疫病控制等。羊场生物安全体系的构建是防止羊群传染病发生、保证羊群处在最佳生长状态、提高羊只生长速度、提高经济效益的重要措施。

一、规划布局管理

场址选择，在可养区选择地势高燥、避风向阳、地下水位低、地势平坦而稍有坡度的地块，同时保证草料和水源的充足供应；远离居民点、学校、医院等，附近没有其他养殖场；远离交通要道，通信方便，电力充足。

场内布局，根据生产功能分为生产区、辅助生产区、生活管理区和粪污处理与隔离区。其中，辅助生产区和生活管理区应位于主导风向的上风处或平行风向处和地势较高处，一般设在入口的附近或场外。生产区与生活管理区、辅助生产区应设置围墙或树篱严格分开。舍间间隔不小于其檐高的 5 倍，满足日照、通风、排污、防疫、防火等要求。羊舍应按照装羊台、育肥羊、生长育成舍、保育舍、分娩舍、配种妊娠舍从下风向至上风向排列。辅助生产区的设施要紧靠生产区布置。饲料仓库与加工间应靠近入口，取料口开在生产区内，卸料口开在辅助生产区内，运料车不能交叉使用，外来车辆杜绝进入生产区。粪污处理与隔离区应位于场区常年主导风向的下风区和地势较低处，与生产区应设置适当的卫生间距和绿化隔离带，有专用道路相连，与场区外有专用出入口和道路相通。羊场外围开挖环形防疫沟，其内堤建设绿化带并修建场区外环形路，分为净道和污道，在场区中间开辟饲料专用道，必要时还可以设供羊转群和装车外运的专用通道。

二、环境隔离管理

羊场应建有围墙，生产区与生活管理区、辅助生产区严格分开。场内禁止饲养其他动物，禁止无关人员进入生产区。羊场距高速公路、铁路、交通干线不小于 1 000 m，距一般道路不小于 500 m；距兽医机构及其他畜牧场、屠宰场不小于 2 000 m；距居民区不小于 3 000 m。

三、生产制度管理

根据羊场实际情况科学制订兽医卫生制度、免疫制度、驱虫制度、检疫制度、疫情监测制度、隔离制度和饲养管理制度等。

四、消毒管理

羊场入口设置消毒池和消毒通道，用麻袋片或草垫浸消毒液，对来往车辆和人员进行消毒，消毒药水要保持有效浓度。正常情况下圈舍每年空圈消毒 2～3 次；密闭羊舍可用 40% 甲醛熏蒸消毒 12～24 h；羊舍、运动场和用具常规消毒每周 1 次；特殊情况下或冬天封闭期每周消毒 2 次；大清扫和大消毒每 6 个月进行 1 次；每隔 14 d 用 0.1% 高锰酸钾消毒食槽 1 次；哺乳器械、医疗器械及采精输精器械使用前后清洗并消毒；每批羊出栏后栏舍要经过严格清洗，同时进行喷雾消毒，空圈 1 周后方可进羊，进羊前需再次对羊舍进行消毒。发生传染病时，羊舍及用具要勤消毒，传染病扑灭后及疫区解除封锁前进行 1 次终末消毒。

五、驱虫管理

每年夏季（6—7 月）体外驱寄生虫 1 次（药浴），胃肠道寄生虫分别于春季（2—3 月）和秋季（8—9 月）各驱 1 次。在有疥癣病的地区，1 年可进行 2 次药浴，一次是治疗性药浴，春季进行；一次是预防性药浴，在夏末秋初进行；药浴最好间隔 7 d 重复 1 次。

六、人员物品流动管理

工作人员和饲养员进入生产区前要消毒、淋浴，更换工作服和鞋；禁止无关人员进入羊场；场外运输车辆、用具等不准进入生产区；种羊和育肥羊出售需在生产区外进行。

七、免疫程序

做好羊肠毒血症、传染性胸膜肺炎、羊痘、羊口蹄疫、小反刍兽疫等疫病的免疫接种工作。春、秋两季注射口蹄疫疫苗 1 次；注射羊梭菌病三联四防灭活疫苗 1 次，不同疫苗免疫间隔时间为 1 周。每年春季或秋季注射羊痘疫苗和小反刍兽疫疫苗各 1 次。产羔前 6～8 周和 2～4 周给母羊注射两次破伤风类毒素、羊梭菌病三联四防灭活疫苗及大肠杆菌灭活疫苗。

八、疫情监测

定期开展疫病监测工作，收集资料并进行分析和记录。根据《中华人民共和国动物防疫法》等法律法规，制订羊场疫病监测方案。口蹄疫、布鲁氏菌病、结核病是必须监测的疫病种类，同时要根据实际情况，对其他一些疫病进行监测。定期对主要传染性疫病的抗体水平进行检测，以跟踪评价主要传染病的免疫效果。

九、动物废弃物无害化处理

垫料、粪尿、污水、动物尸体均应严格进行无害化处理，建立生化处理设施，对其进行生物处理和降解。动物尸体应深埋或化制，同时做好病死羊尸体和粪便的无害化处理。尸体最好采用焚烧炉焚烧的处理方法，如果不具备焚烧条件，则至少设置 2 个安全混凝土填埋井，井口加盖密封。尸体投入后喷洒大量消毒液或覆盖一层熟石灰，填满后用土填埋压实并封口。装载尸体的容器必须采用蒸汽灭菌，运输尸体的车辆应清洗和消毒，粪便要堆积发酵或及时清除。

第七章
圭山山羊疫病防治

圭山山羊养殖中，口蹄疫、小反刍兽疫、山羊痘、传染性胸膜肺炎、布鲁氏菌病、传染性脓疱病、梭菌性疾病等传染性疫病，前胃弛缓、瘤胃积食等常见内科病，新生羔羊常见危急症、中毒性疾病、营养代谢病，以及多种寄生虫病均给山羊的健康养殖带来威胁。因此，在圭山山羊养殖过程中，应给予足够重视，做好预防和控制，保证圭山山羊养殖的健康安全和经济效益。

第一节　主要疫病的预防及治疗

一、羊口蹄疫

羊口蹄疫是由口蹄疫病毒引起的急性、热性、高度接触性传染病。其临床特征是患病动物口腔黏膜、蹄部和乳房发生水疱和溃疡。幼龄动物多引发心肌炎而使死亡率升高。口蹄疫被世界动物卫生组织列为必须报告的动物传染病，我国将其列为一类动物疫病。其传播途径多，传播速度快，一旦发现便会迅速蔓延，多呈流行或大流行形式，在世界范围内曾经多次暴发大规模流行，造成重大的经济损失。

1. 临床症状和病理变化　初期表现为病羊体温升高（达 40～41℃）、精神萎靡、采食量减少甚至拒绝采食、饮水量下降、呼吸加快。随着病情的发展，在口腔、蹄部甚至乳房等皮肤处形成水疱、溃疡和糜烂。患病羊表现出疼痛、流涎，且涎水呈泡沫状。

病死羊剖检，口腔、蹄部、乳房、咽喉、气管、支气管和前胃黏膜有水疱、圆形烂斑和溃疡，上面覆有黑棕色的痂块；消化道黏膜可见出血性炎症；

心包膜有弥散性及点状出血，心脏表面有灰白色或淡黄色的斑点或条纹，俗称"虎斑心"；心脏松软似煮过样。

2. 诊断　本病需要重点检查羊的乳房、蹄部和口腔等位置，如有较多水疱、食欲不振和蹄部脱落的状况，则有可能患上口蹄疫，确诊时需要采集水疱皮或唾液等样本进行实验室诊断，主要包括病毒分离鉴定、RT－PCR等方法。

3. 预防措施

（1）加强免疫接种　免疫接种是目前口蹄疫预防工作中的常用措施。疫苗可选择羊口蹄疫O型、A型二价灭活疫苗，肌内注射。羔羊：断奶后首次免疫1 mL，一个月后加强免疫1 mL；成年羊：每4个月免疫1 mL，但要避开配种前一个月和临产前一个月。

（2）消毒　宜选择生石灰作为日常消毒剂，成本较低，消毒效果好。夏秋两季为口蹄疫高发期，要做好消毒工作，尤其在引种时，应该在养殖场外做好消毒处理后再入舍。也可以选择高锰酸钾溶液和甲醛溶液等对羊圈实施熏蒸处理，来改善圈舍环境，预防口蹄疫。

（3）规范饲养管理　羊群饲养环境应尽量保持干净卫生，每天清理羊群粪便并进行消毒，避免病菌滋生和传染，造成危害。

（4）疫情处置　当确诊羊群发生口蹄疫时，应立即向当地畜牧兽医主管部门上报。针对口腔处的病症，可以用水、食醋或0.1%高锰酸钾清洗，然后在糜烂面涂上1%～2%明矾溶液、碘甘油（碘7 g、碘化钾5 g、酒精100 mL，溶解后加入甘油10 mL）或外敷冰硼散；针对蹄处的病症，先用3%来苏儿或0.1新苯扎氯铵清洗蹄部，干后涂抹松馏油或鱼石脂软膏；若蹄壳脱落则应用绷带包扎治疗，等到长出新的蹄壳即可痊愈；针对乳房处的病症，可用肥皂水或2%～3%的硼酸清洗，然后涂抹青霉素软膏或其他防腐软膏，并定期将奶挤出以防止引发乳腺炎。对于没有治疗价值的羊群应进行扑杀，降低风险，减少损失。

二、小反刍兽疫

小反刍兽疫是由小反刍兽疫病毒引起的一种急性病毒性传染病，具有高度的接触传染性。世界动物卫生组织将其定为A类疫病，我国将其列为一类动物疫病。本病的主要临床症状是急剧发热、高热稽留、眼鼻分泌物增加、口腔糜烂、腹泻。该病毒主要感染绵羊和山羊。

1. 临床症状及病理变化

（1）最急性型　常见于山羊，潜伏期为 2 d，体温高达 40～41℃，精神沉郁，拒食，流浆液性或黏性鼻液，常有齿龈出血，有时口腔黏膜溃疡，病初便秘，晚期大量腹泻，最后体力衰竭而亡，病程为 5～6 d。

（2）急性型　潜伏期 3～4 d，表现发热，烦躁不安，食欲减退，口鼻腔分泌物由浆液性转为黏液脓性，堵塞鼻孔，伴有恶臭味。口腔黏膜多处出现溃疡。后期血样腹泻，消瘦。出现咳嗽，呼吸急促，发生支气管肺炎。有时呈腹式呼吸或呈伸颈状，鼻孔扩张，舌头伸出，表现出痛苦状。母羊常发生外阴或阴道炎，伴有黏液脓性分泌物，有的孕畜发生流产。病程 8～10 d，有的痊愈或转为慢性型。

（3）慢性型（亚急性）　常见于最急性型和急性型之后。口腔和鼻孔周围以及下颌部发生结节和脓疱，通常见于本病的晚期。

病羊尸体剖检，皱胃处可见有规则的、有轮廓的糜烂性病灶，糜烂面呈血红色，而瘤胃、网胃和瓣胃少见；肠道有出血和糜烂病变，结肠与直肠连接的地方常发现有特征性的线状出血或斑马样条纹；脾脏出现坏死灶；淋巴结，尤其是肠系膜淋巴结肿大、充血；病羊的鼻甲骨、喉部、气管等部位有出血斑。

2. 诊断　可以根据临床症状对其进行初步的判断。确诊需要采集口鼻分泌物进行 PCR 实验室检测确诊。

3. 防控措施

（1）免疫接种　疫苗免疫是预防该病最有效的措施，可选择小反刍兽疫疫苗颈部皮下注射，每只羊 1 mL。春季或秋季对本年未免疫羊只和超过免疫保护期（3 年）的羊进行一次集中免疫，每月定期补免。

（2）科学饲养　提高饲料营养配比，杜绝变质和发霉的饲料，不同发育阶段使用不同的饲料，做到科学、规范饲养。

（3）加强饲养管理　注意饮水清洁，保持圈舍干燥通风，及时更换饮水和垫草，彻底清除体外排泄物，做好日常消毒（圈舍、外环境、养殖进入圈舍前）工作，降低该病的感染风险。

（4）疫情处置　小反刍兽疫没有特效治疗方法，一旦发现，必须立刻上报动物防疫监督机构，按照"早、快、严、小"的方针，一旦确诊，立即采取严格的封锁、扑杀、隔离和检疫等应急措施。

该病发病初期可使用抗生素和磺胺类药物降低死亡率，还能预防继发性感染。在防控小反刍兽疫方面，应贯彻预防为主的方针，搞好饲养管理、检疫、防疫卫生、消毒和预防接种等工作，以提高易感动物的健康水平和抗病能力，杜绝传播。

三、山羊痘

山羊痘是由山羊痘病毒引起的一种急性、高度接触性的地方流行性传染病。其特征是体温升高，眼、鼻有大量分泌物，局部或全身皮肤出现丘疹或脓疱性痘疹，呼吸道特别是肺脏出现窦状结节。消化道浆膜及黏膜上可见白斑及痘疹，呈特征性的临床及病理变化。本病的发病率及死亡率较高，出现恶性经过的死亡率更高。世界动物卫生组织将其列为 A 类重大动物传染病，我国将其列入二类动物疫病。

1. 临床症状及病理变化　病初体温升至 41～42℃，精神委顿，食欲下降，脉搏呼吸加快，偶有寒战、眼结膜潮红等症状，鼻孔有黏液流出，此时为疾病的前驱期，持续 1～2 d，而后在眼的四周、唇、颊、鼻翼、阴门、乳房、阴囊、四肢内侧及包皮等无毛或少毛处先出现红斑，经 1～2 d 后形成绿豆大小、突出皮肤表面的丘疹，呈灰白色或淡红色的硬结节。数天之后，丘疹内部逐渐充满浆液性的内容物变成水疱。

患病羊明显消瘦，体表皮肤呈典型的痘疹病理变化，切开皮肤可见皮下严重出血，呈暗红色，皮下结缔组织呈淡黄色。

气管及支气管黏膜充血水肿，肺表面及切面可见黄豆大小结节或白色斑块状病灶，呈岛状分布。从口、舌到肛门整个消化道，可见丘疹形成，淋巴结肿大，有时达 10 倍左右，脾和淋巴结可见灰白色坏死灶。肺组织可见充血、红肿、渗出及凝固性坏死，病灶周围有明显的炎症反应带，且可见肺小叶间隔增宽。经组织病理学检查，患病皮肤在光学显微镜下可见细胞质内出现嗜酸性包涵体。

2. 诊断　根据病理变化与临床症状，初步判断为山羊痘后进行实验室诊断，以进一步确诊。实验室诊断方法比较多，可以采用琼脂免疫扩散试验、病毒分离及中和试验、荧光抗体检测、电镜观察病毒包涵体等。

3. 预防措施　基于山羊痘的危害性，以及防治的难度，要从养殖源头加强防治，尤其是注射疫苗能够取得较好的免疫效果。可用羊痘鸡胚化弱毒疫苗，每年 3—4 月份进行接种，接种时不论羊只大小，一律尾部皮下注射

0.5 mL/只，可维持 1 年的免疫期。

也可以取板蓝根 45 g、紫草 25 g、升麻 25 g、牛蒡子 30 g、蝉蜕 40 g、荆芥 30 g、防风 30 g、连翘 40 g、甘草 20 g、白术 20 g、茯苓 15 g，磨细粉，每天每只成年羊 30～40 g、羔羊 10～15 g，拌料，分两次饲喂，疏风清热，解毒透疹。用于预防或初期的治疗。

除了做好疫苗免疫工作之外，还要做好养殖场所的卫生消毒工作，选用 2%漂白粉溶液喷雾对圈舍周围和入口进行消毒，采用 10%～20%石灰乳或 2%烧碱喷洒消毒；养殖人员的手、工作服、胶靴用苯扎氯铵、有机碘混合物或煤酚类水溶液浸泡消毒，在最大程度上抑制病菌的滋生与传播。

疫情处置：目前山羊痘没有特效治疗方法，山羊痘一旦发现，必须立刻上报动物防疫监督机构，按照"早、快、严、小"的方针，一旦确诊，立即采取严格的封锁、扑杀、隔离和检疫等应急措施。

四、羊传染性胸膜肺炎

羊传染性胸膜肺炎是由丝状支原体感染引起山羊和绵羊的一种高度接触性传染病，患病羊临床表现为体温升高、咳嗽、呼吸困难等，解剖后可发现病羊胸腔内出现大量淡黄色渗出物，肺部发生病变、心包积液等。羊传染性胸膜肺炎具有发病快、传播范围广和病情反复等特点，是养殖场内主要疫病之一。

1. 临床症状及病理变化

（1）最急性型　体温升高至 42℃以上、精神萎靡、呼吸急促、食欲下降、鼻液增多、发出痛苦呻吟。随着病情进一步发展，患病羊出现无法站立、身体颤抖、呼吸困难、目光呆滞、在很短时间内就会出现窒息死亡的现象，整个病程很短，有的在半天之内就会发生死亡，一般病程为 5 d。

（2）急性型　在生产实际中比较多见，病羊体温升高、咳嗽、流出大量的鼻液。随着病情发展，出现咳嗽加重，鼻液变成黏性浓稠样，体温继续升高、食欲废绝、可视黏膜发绀、呻吟、按压胸部疼痛明显、眼睑肿胀、眼睛分泌物增多、头颈伸直、弓起腰背等症状。最后病羊极度衰弱、卧床不起。妊娠期母羊在患病后会出现流产（流产率高达 80%）、腹部丘疹、瘤胃臌气和腹泻等症状。该过程持续 10 d 左右，后转为慢性型。

（3）慢性型　在临床方面，慢性型通常发生在炎热夏季，病羊表现羊传染性胸膜肺炎的临床症状较轻，主要表现为腹泻、咳嗽、流鼻涕、被毛粗乱、体温升高到 40℃ 左右。如果饲养管理粗放，或者慢性病羊与急性型病羊发生接触，或者营养不良、体质较差等，羊群就会加重病情，出现混合感染而快速死亡。通常情况下加强日常饲养管理，慢性型病羊的治愈率较大。

病变限于胸腔，多为单侧。肺表面不平，呈现大小不等的肝变区，切面呈红色或暗红色，也有中间为灰色、灰红色，如大理石外观，流出带血液和大量泡沫的褐色液体。肺子叶间组织增宽，子叶界限明显，支气管扩张，血管内有血栓形成。肋胸膜增厚，覆有粗糙的黄白色纤维素，肺胸膜、肋胸膜、心包相互粘连，纵隔淋巴结和肺门淋巴结肿大。肝脏、胆囊、脾脏及肾脏肿大。心包积液，心肌松弛变软。胸腔内积液量大，多的可达 2 000 mL，淡黄色，暴露于空气中易凝结成胶冻样。

2. 诊断　首先根据流行特点、临床症状、剖检变化进行初步诊断，然后再根据实验室检查结果进行综合判定。实验室可取口鼻棉拭子或肺脏及淋巴结组织进行病菌分离培养，在羊血清培养基上接种，于 37℃ 培养 4 d，用显微镜观察菌体。也可将患羊的病变组织无菌涂片，经瑞氏、吉姆萨染色后观察菌体。如果显微镜观察到的菌体是不同形态的分支丝状杆菌，即可判定是该病。另外一种方法是实验室血清学检测，即用微量间接血凝试验方法检测血清确诊；也可采用 PCR 检测核酸确诊。

3. 防治措施

（1）加强饲养管理　保证圈舍通风良好，每天及时清理羊舍内的粪便和污染物，保持羊舍的清洁卫生。每年春秋两季各驱虫 1 次。冬春时节应控制好羊群的饲养密度，避免过度拥挤。严把原料关，杜绝饲喂霉变饲料。饲料不能被雨淋或浸湿，避免阳光直射或其他高温环境。

（2）加强卫生消毒　定期对羊舍场地、用具、饲料、饮水等进行消毒。一般是春季每半个月消毒 1 次，夏季每周消毒 1 次，秋、冬季每个月消毒 1 次。常用的消毒药物包括百毒杀、3% 福尔马林溶液和生石灰等。

（3）免疫预防　每年定期接种疫苗是预防山羊传染性胸膜肺炎最有效的措施。临床上常用的是传染性胸膜肺炎氢氧化铝菌苗。6 月龄以上山羊每只肌内注射 5 mL，6 月龄以下的山羊每只肌内注射 3 mL，免疫期 12 个月。对于暂时没有免疫接种的患病羊、羔羊和妊娠母羊，要及时补种。

（4）应急处理　养殖人员要密切留意羊群健康状况，如果发现异常，应及时进行隔离、诊断，确诊的羊及时对症治疗。禁止一切羊只调运活动，对圈舍、墙面、地面、槽具及进出人员等进行全面彻底的消毒，避免疫病传出传人。针对病死羊及被污染的饲料、草料、粪便，应进行无害化处理，禁止随意丢弃到河流及荒野中，防范疫病的大面积传播和污染。

五、布鲁氏菌病

布鲁氏菌病简称布病，是由布鲁氏菌引起的一种重要的人畜共患病，山羊染病会导致流产、公羊睾丸炎等症状，对山羊以及养殖户的健康会产生威胁。我国将其列为二类动物疫病。因此，需要重视山羊布鲁氏菌病的预防，减少疫情传播风险。

1. 临床症状　母羊感染布鲁氏菌会引起流产、死胎、乳腺炎、子宫炎和胎盘滞留，公羊则引起睾丸炎和关节炎。发热是本病最常见的症状，除发热外，急性期病羊表现为体重减轻、关节痛/关节炎、肝脾肿大、淋巴结肿大及听力减退等症状。

2. 诊断　疑是布鲁氏菌病的羊经采集血清后，用虎红平板凝集试验初筛，阳性样品再用试管凝集试验确诊。另外也可采用 PCR 技术进行诊断。

3. 预防措施　从当前的研究成果来看，羊布鲁氏菌病尚未有针对性的治疗药物，还是以"预防为主"为原则，坚持自繁自养，引种时严格执行检疫及隔离制度。

（1）做好净化和淘汰　可在春秋两季采用普查的方法，即对每只羊进行血清学检测，若检测结果显示为阳性，则要及时淘汰。并对病羊所生活的环境开展全面性的消毒处理，病羊必须进行无害化深埋或焚烧。

（2）定期检疫　在羔羊断乳后要及时进行 1 次布鲁氏菌病检疫，成年羊可以 2 年检疫 1 次。对检出的阳性羊进行扑杀，禁止留养。

（3）控制和消灭传染源　在羊的日常饲养过程中，务必做好羊舍的消毒工作，最大限度减少疾病传播。妊娠母羊如出现不明原因的流产，应提高重视程度，将患病母羊单独隔离，并做好污染环境的彻底清理和卫生消毒，及时对流产胎儿进行诊断和无害化处理，限制病原的传播蔓延，对其污染的环境可用 20% 漂白粉或 10% 石灰乳进行消毒。

以中药干姜 20 g、白术 20 g、茯苓 15 g、山药 30 g、党参 30 g、砂仁 5 g、桂枝 12 g、栀子 10 g、补骨脂 20 g、炒麦芽 20 g、神曲 15 g、黄连 3 g、赤芍 15 g、丹参 10 g，混匀粉碎后，按 2% 添加量拌于日粮中饲喂 7~10 d，间隔 1 个月后再次重复饲喂，反复3～4次，通过增强羊只机体免疫力，预防该病菌的侵袭。

六、羊传染性脓疱病

传染性脓疱病是一种急性、传染性、致衰性的人畜共患毒性皮肤病，是一种世界性分布的非系统性发疹性皮肤病。羊传染性脓疱病是养殖过程中一种常见疾病，又称为羊口疮，是由传染性脓疱病毒诱发的一种传染性疾病，疾病的传染性强，严重威胁圭山山羊养殖业的发展。

1. 流行特点与病因　当前传染性脓疱病呈地区高发趋势，春秋季节发病率比较高。各个年龄阶段、各个品种的羊都有感染疾病的可能，健康的羊通过和患病羊密切接触即会进行传播，3～6月龄的羊发病率和死亡率更高。不仅能够在羊群中进行传播，还会出现人畜共患病的情况，人与患病羊接触后，手、口等部位会出现较为明显的病变。

羊传染性脓疱病毒是痘病毒科副痘病毒属嗜上皮性双链线性 DNA 病毒。对外界环境变化的抵抗力非常强，对于干燥的抵抗力也比较强，对热比较敏感，对氯仿敏感。60℃环境下 30 min 可较好地消灭病毒，同时应用 10％石灰乳或 3％氢氧化钠，均对病毒有较好的消灭作用。

2. 临床症状　羊在患病后，其口、唇、鼻、舌、乳房等部位的皮肤及黏膜均可能会有红斑存在，逐渐变为丘疹，随着病情进展，其可能演变为水疱或脓疱，最后变为溃疡并结痂。感染疾病后，口、唇等部位病变比较明显。羊的蹄部会出现脓疱、水疱、丘疹，严重时会诱发腐蹄病。

3. 诊断　结合疾病的流行病学及临床症状能够对疾病进行初步确诊，若要进一步确诊，还可以通过实验室诊断。可取病羊病变部位的黏膜或水疱、痂皮，也可以取肺部的淋巴结组织，在实验室做琼脂扩散试验或 PCR 核酸检测，结合临床症状确诊。

4. 预防措施　养殖场需强化羊群检疫工作，日常做好卫生消毒，可用 10％石灰乳和 3％氢氧化钠进行消毒。强化饲养管理，严格控制饲料的质量。饲料还应松软易消化，避免其中含有尖锐的物质，保护羊的口腔。

5. 治疗

（1）西药治疗　①针对口腔处的脓疱，可以使用淡盐水或 0.1％～0.2％高锰酸钾溶液 200 mL，用高锰酸钾溶液清洗后涂抹碘甘油；②蹄部病变明显的羊，可用 5％～10％甲醛溶液 500 mL，浸泡患处 1 min，连续浸泡 3 次，然后以碘酊或龙胆紫溶液涂抹创面，必要时可以用纱布进行包扎，促进其恢复。为避免出现继发感染，同时以青霉素 80×10^4 IU 进行肌内注射，每天 2 次，连续使用 2～3 d。③若是部分羊存在体温升高的情况，可以选择抗生素类药物进行治疗。同时可配合使用葡萄糖、ATP、氨基酸等，进行静脉注射，促进其尽快恢复健康。

（2）中药治疗　①在羊的饲料中掺入黄芪多糖、板蓝根、双黄连等药物进行饲喂；②可取地榆 10 g、花椒 10 g、甘草 20 g、板蓝根 10 g、龙胆 6 g、苦参 3 g混合煎汤，让患病羊服用，连用 3～5 d；③取金银花 10 g、竹叶 10 g、赤芍 9 g、山豆根 9 g、甘草 20 g、山药 30 g、干姜 20 g、桔梗 6 g、丹皮 6 g、黄芩 6 g、紫花地丁 20 g、蒲公英 20 g、薄荷 10 g 和连翘 10 g，水煎候温灌服病羊，每只羊1 剂，服用 5～7 d；④取青黛 45 g、大黄 30 g、黄连 18 g、胆矾 12 g、大黄苏打片 20 g，研为细末，撒布于病灶处。

七、羊梭菌性疾病

1. 流行特点及病因　羊梭菌性疾病是由梭状芽孢杆菌属中的细菌导致的急性传染病，包括羊快疫、羊肠毒血症、羊猝狙、羊黑疫、羔羊痢疾等病。该类疾病主要以病羊和带菌羊、被污染的牧草、饮水、饲料为传染源，经消化道感染。当季节交替、天气寒冷多变、饲养管理不当时，造成羊抵抗力降低及免疫注射不当等，可诱发该类疾病。这类疾病临床症状相似，多造成急性死亡，对养羊业危害很大。因此，快速鉴别诊断及加强羊梭菌性疾病防控意识尤为重要。

（1）羊快疫　病原为腐败梭菌，是一种革兰氏阳性菌。通常以 6～24 月龄、膘情较好的绵羊易发，并多发于秋冬寒冷季节。主要为地方散发性，发病率较低，但致死率高。兽医临床上有些羊往往不表现出临床症状就会突然死亡，而有的羊会表现出运动失调、腹痛腹泻、磨牙抽搐等症状，通常于数分钟或几小时内发生死亡。病理解剖可见到瓣胃出血严重，胃底部有大小不等的出血斑，胸腔、腹腔、心包有大量积液，肺脏有出血点，胆囊肿大。

（2）羊猝狙　是由 C 型产气荚膜梭菌引起的羊的一种以急性死亡、腹膜炎和溃疡性肠炎为特征的传染性疾病，本病的发生具有一定的地域性和季节性。本病主要经消化道感染，当羊食入了被病原菌污染的牧草、饲料和饮水后，病原菌会随食糜入侵消化道，病原菌在肠道中生长繁殖并产生毒素，致使羊因毒血症而死亡。本病病程短，患病羊往往不表现出任何症状就出现死亡，有时可见患羊精神萎靡，掉群，痉挛咬牙，眼球突出。对病死羊进行解剖，病变主要见于消化道和循环系统。病羊的小肠黏膜严重糜烂、充血，并伴有大小不等的溃疡灶。由于致病菌和毒素经肠壁进入血液，损害胸膜脏腔的微血管，使其通透性增加，导致胸腔、腹腔和心包有大量积液。

（3）羊肠毒血症　由 D 型产气荚膜梭菌在羊肠道内大量繁殖并产生毒素，引起羊发病的一种急性毒血症，死后肾组织易于软化是本病的主要特征。发病后一种病羊症状表现为抽搐，肌肉震颤，磨牙流涎，倒地后 2～4 h 内死亡；另一种病羊以持续性昏迷为特征，肉眼可见其步态不稳，磨牙流涎，卧地不起，反射消失，腹泻，3～4 h 内死去。对病死羊进行解剖，肉眼可见的明显病变主要在消化道、呼吸道和心血管系统。患羊真胃内有未消化的饲料残渣，整个肠壁呈黑红色；心包扩张，心内外膜有出血点；肺脏出血并伴发水肿；肾脏软如泥。

（4）羊黑疫　病原为 B 型诺维氏梭菌，是常发生于绵羊和山羊的一种急性高度致死性毒血症。该病的典型特征为肝脏组织实质性坏死，故该病又被叫做传染性坏死性肝炎。本病病程十分急促，绝大多数羊未见临床症状而突然死亡。患病羊主要表现为不食，呼吸困难，卧地昏迷。病死羊尸体的皮下静脉显著充血，使其皮肤外观呈暗黑色。胸部皮下组织水肿，浆膜腔有液体渗出，液体常呈黄色。真胃幽门部和小肠充血、出血。肝脏充血肿胀，质地变软且肝脏表面有凝固性坏死灶，具有诊断意义。

（5）羔羊痢疾　由 B 型产气荚膜梭菌感染初生羔羊所引起的一种急性毒血症。本病可使羔羊发生大批死亡，给养羊业造成的危害十分严重。在生产养殖中本病主要侵害刚出生 7 d 内的羔羊，以 2～3 日龄的羊发病最多。本病的传播途径主要经消化道，也可通过脐带或创伤感染。本病的潜伏期较短，通常为 1～2 d，患羊发病初期表现为精神迟钝，卧地拱背，不吃乳，发生腹痛腹泻，排恶臭粪便。所排粪便一开始比较稠，如面糊状，很快就又排出稀薄的水样粪便，后期所排便中带血。病羊逐渐虚弱并表现出一系列的神经症状，如卧地不起、磨牙、流涎、四肢瘫软等，体温也会持续性下降，若不抓紧治疗，常在数小时内死亡。病死羊显著的病理变化在消化道，患病羊真胃内有大量未消化的残渣凝乳块，小肠黏膜发红、充血，并伴有溃疡，肠系膜淋巴结出血肿胀。

2. 防治　迄今为止，疫苗接种是预防本病最有效的手段，每年春秋季注射三联四防苗（蜂胶浓缩苗、灭活铝胶苗和干粉灭活苗）或羊快疫-羊猝狙-羊肠毒血症-羔羊痢疾-羊黑疫五联苗，对于妊娠母羊，在产前 2～3 周再接种 1 次。

定期对圈舍开展消毒工作，根据不同羊群的生理阶段安排适宜的饲养密度，掌握适宜的温度、湿度、光照和强度。对于羔羊，要做好保暖工作，最好可以设置保暖较好且隔成小栏的育羔圈。

对于发病羊要第一时间做好隔离和治疗工作。对于初生羔羊还要做好合理哺乳工作，避免因饥饱不均而导致免疫力低下。

对于幼龄羊和成年羊的饲喂，要在饲料中添加适宜的酶制剂、酸制剂和中草药，以提高羊只的免疫力，减少感染疾病的风险。

做好寄生虫病防治工作。研究表明羊黑疫的发生与肝片吸虫有一定的关系。除此之外，在畜牧生产中羊感染寄生虫后免疫力会降低，进而抗病性也会降低。

发病羊往往因来不及治疗而死亡。对病程稍长的病羊采用青霉素肌内注射，每次 80 万～160 万 IU，每天 2 次；磺胺嘧啶灌服，按每次每千克体重 5～6 g，连用 3～4 次；10%～20% 石灰乳灌服，每次 5～100 mL，连用 1～2 次；复方磺胺嘧啶钠注射液按每次每千克体重 0.015～0.02 g 肌内注射，每天 2 次；或使用"黄芪多糖注射液（0.1 mL/kg）＋鱼腥草注射液（0.1 mL/kg）＋复方青霉素或氨苄西林钠（1 g/kg）"混合肌内注射，1 剂/d，注射 3 d。

中医治疗：①加味白头翁汤，白头翁 10 g、马尾黄连 5 g、秦皮 12 g、山药 30 g、山芋 12 g、茯苓 15 g、白术 20 g、白芍 15 g、干姜 20 g、甘草 15 g，磨粉，每天每只成年羊 30～40 g，羔羊 10～15 g，拌料分两次饲喂；②乌梅汤加减，乌梅 10 g、马尾黄连 5 g、黄芩 10 g、郁金 10 g、炙甘草 20 g、猪苓 10 g、炒麦芽 12 g、神曲 12 g、泽泻 9 g、白术 15 g、山药 20 g，磨粉，每天每只成年羊 30～40 g、羔羊 10～15 g，拌料分两次饲喂。

第二节 羊常见内科病

一、前胃弛缓

前胃弛缓是羊前胃兴奋性和收缩力降低而引发的疾病。临床特征为羊的食欲、反刍、呼吸紊乱，胃蠕动减弱或停止，可继发酸中毒。

1. **病因** 主要是羊体质衰弱，加上长期饲喂粗硬难以消化的饲草，如干玉米秸、豆秸、麦壳等，或者突然更换饲养方法，供给精饲料过多，运动不足，饲料品质不良、霉败冰冻、虫蛀染毒，饲料单一，长期饲喂麦麸、豆面等，也可引发前胃功能障碍。

2. **临床症状**

病羊食欲减退或废绝，反刍停止，急性病例瘤胃臌气，左腹增大，叩诊呈鼓音，触诊不坚实，呈面团样；瘤胃蠕动音前期增强、后期微弱，次数减少；嗳气停止，初腹痛、拱背，后精神不振，呼吸、脉搏增数，眼结膜潮红。

3. **防治方法** 预防本病首先应消除病因，若过食可采用饥饿疗法，或禁食 2～3 次，然后供给易消化的饲料等。

（1）西药治疗 ①可喂食 100～150 mL 的液状石蜡和 20～25 g 人工盐。每天给羊注射 250～300 mL 生理盐水 1～2 次，为了避免羊胃内的饲料异常发酵，可给生病的羊灌服由适量水和 20～25 mL 松节油组成的混合物；②促进反刍液，用 10% 氯化钠注射液 100～300 mL、5% 氯化钙注射液 20～80 mL、10% 安钠钾 5～10 mL 混合后静脉注射；③酒精 50～100 mL、鱼石脂 10～15 g，加水 150 mL，一次喂服；④食醋 300 mL，食盐 9 g，混合，一次喂服。也可用拟胆碱药促进瘤胃蠕动，乙酰胆碱 1～2 mL，一次肌内注射；或 2% 毛果芸香碱皮下注射 1～2 mL。

（2）中药治疗 ①党参 50 g、白术 30 g、茯苓 30 g、炙甘草 20 g、炒麦芽 20 g、神曲 20 g、槟榔 40 g、干姜 20 g、丁香 20 g、肉豆蔻 20 g，水煎服，2 d 一剂；②白术 30 g、茯苓 20 g、木香 12 g、槟榔 10 g、山楂 20 g、神曲 20 g、姜半夏 20 g、枳实 12 g、莱菔子 10 g、厚朴 15 g、山药 30 g，磨粉，每天每只羊 30～40 g，开水冲烫，凉至温热灌服。

如果上述方法不见效，应立即行瘤胃切开术，将羊只胃内滞留的物品取出来。

二、瘤胃积食

瘤胃积食是因急性瘤胃扩张，充满食物，使胃的正常容积增大，胃壁扩张，食糜停滞瘤胃而引起羊消化不良的疾病。该病临床特征为羊反刍、嗳气减少或停止，瘤胃坚实、疼痛，瘤胃蠕动极弱或消失。

1. **病因** 该病主要由于羊采食大量喜爱的饲料，如苜蓿、青草、豆科牧草，或养分不足的粗饲料，如玉米秸秆、干草及霉败饲料，或采食干饲料而饮水不足等引起。这一过程可形成食滞性瘤胃积食，多是原发性的。另外，由于羊过食谷物引起消化不良，常使碳水化合物在瘤胃中产生大量的乳酸，导致酸中毒。前胃迟缓、瓣胃阻塞、创伤性网胃炎、腹膜炎、皱胃炎、皱胃阻塞等也可引起继发性瘤胃积食。

2. 临床症状　本病发病较快，病羊采食、反刍停止，腹痛摇尾，嗥叫，左腹增大，触摸坚实，瘤胃蠕动音初期增强，后期减弱或停止，多伴有瘤胃臌气。

3. 防治方法

（1）预防　避免贪食及偷食，重视平时的饲料管理，做好护理干预等。

（2）治疗　消导下泻，防腐止酵，纠正酸中毒，健胃、补充液体。消导下泻，可用鱼石脂 1～3 g、陈皮酊 20 mL、液状石蜡 100 mL、人工盐 50 g 或硫酸镁 50～80 g，加水 500 mL，一次灌服。解除酸中毒，可用 5% 碳酸氢钠 100 mL 静脉注射，为防止酸中毒继续恶化，可用 2% 石灰水洗胃。心脏衰弱时，可用 10% 安钠咖 5 mL 或 10% 樟脑磺酸钠 5 mL，静脉注射或肌内注射；也可服用中药大承气汤。对种羊，若判断治疗达不到目的，宜迅速切开瘤胃抢救。

（3）中药治疗　干姜 20 g、白术 20 g、茯苓 15 g、山药 30 g、党参 30 g、砂仁 5 g、桂枝 12 g、补骨脂 20 g、炒麦芽 20 g、神曲 15 g、当归 15 g、车前草 15 g，磨粉，每天每只羊 30～40 g 开水冲烫后，凉至温热灌服。

第三节　新生羔羊常见危急症

羔羊在出生时经常发生一些危急病症，如果抢救方法不当或救治不及时，常导致死亡，造成很大经济损失。现将羔羊常见危急症及救治方法介绍如下。

一、羔羊吸入胎水

1. 症状　羔羊出生后呼吸急促、肋骨开张明显，喜站立，低头闭目，因呼吸困难而吮乳间断，口腔及鼻端发凉。如果不及时救治，病羊多在 3～4 h 后死亡。

2. 治疗　用 50% 浓葡萄糖注射液 20 mL，加入安钠咖 0.2 mL，一次静脉注射；同时肌内注射青霉素 5 万～10 万 IU，间隔 4～6 h 再用药 1 次（如果天气冷可将葡萄糖液及安钠咖加温后再静脉注射）。

二、初生羔羊假死

1. 症状　羔羊产出后不呼吸，躯体软瘫，闭目，口唇发紫，用手触摸心脏部位可感到有微弱的心跳即判定假死，应立即抢救。

2. 治疗　可采取人工呼吸的方法。首先擦净羔羊鼻孔及口腔内外的黏液，然后用一只手握住两后肢倒提起，另一只手（或助手）轻轻拍打腰部，促使羔羊排出口、鼻内黏液，然后再将羔羊平稳放在地面草垫上，用口对准羔羊鼻孔吹气，刺激其神经反射；随后用手轻轻拍打羔羊胸部 3～5 次，再用一只手握住两前肢，另一只手握住两后肢，同时向内、向外一张一合，反复伸缩，直至羔羊呼吸为止。同时可注射安钠咖注射液。

三、脐带断裂出血

1. 症状　羔羊产出后自行挣断脐带或接生不慎拉断脐带而出血不止，精神逐渐不振，结膜苍白，站立不稳，进而失血昏迷，甚至死亡。

2. 治疗　主要根据脐带断裂后残留的长短来处理。如果羔羊出生后十几分钟脐带血流不止，而脐带根尚有残留部分时，用消毒过的缝合线在脐带根部扎紧即可止血，同时注射维生素 K_3、头孢等止血和消炎药物。

四、产后弱羔

1. 症状　先天性营养不良的羔羊，出生后躯体弱小，腿细瘦弱，不能站立。其他原因引起的弱羔表现呼吸浅表而微弱。弱羔四肢无力伸动，体温多在常温以下，四肢末端及耳尖、鼻尖均凉，多呈现昏迷状态。

2. 治疗　方法一是采取温水浴，用大盆盛 40～42℃温水，将羔羊躯体沐浴在温水里，头部伸向盆外，防止呛水。边洗浴边不时翻动。水温下降时倒出一部分水再加一部分热水，始终使水温保持在 42℃左右。水浴 30 min 后，羔羊口腔发热，睁开眼睛并出现吮乳动作，即可取出擦干并放温暖避风处，哺喂初乳。方法二针对体质弱或病情较重的羔羊，可在温水浴的同时注射 25% 葡萄糖 10 mL 和葡萄糖酸钙 5 mL。对营养不良的弱羔温水浴后要采取综合措施加以治疗，一方面要加强母羊的补饲，多补喂蛋白质丰富及多汁饲料，以保证其有足够奶水；另一方面对弱羔要补喂鱼肝油及人用奶粉，或肌内注射维生素A、维生素 D；还要精心喂养、辅助吃奶，保持圈舍温暖、清洁，防止被挤压及水浴后因气味改变而被母羊遗弃。

第四节　羊常见中毒性疾病

中毒性疾病是生产过程中影响效益的严重疾病之一，主要是由于饲养管理粗放、不认真、不科学或意外导致。羊中毒性疾病具有突发性，如果没有及时采取措施进行治疗，短时间内临床症状加重，会引发大量死亡。临床上羊中毒性疾病主要包括饲料霉变中毒、亚硝酸盐中毒、瘤胃酸中毒、食盐中毒、有机磷中毒和氢氰酸中毒、尿素中毒、灭鼠药中毒、蛇毒中毒、蜂毒中毒等。

一、饲料霉变中毒

1. 病因　黄曲霉毒素对大多数动物都有强烈的毒性作用，可造成畜禽大批死亡及强烈的致癌作用。动物大量摄入会导致急性肝病、失血症，甚至死亡；低剂量长期摄入会引起体重下降、肝脏损伤和肝癌。畜禽易感性由高到低排序为：鸭、鸡、猪、犊牛、育肥猪、成年牛、羊。动物常因喂食霉变的饲草饲料导致中毒。

2. 临床症状　一般羊中毒后精神沉郁、少食、身体瘦弱、腹泻，并伴随轻微的腹痛等；刚出生的羔羊走路摇晃，肌肉震颤，严重者出现瘫痪，神经出现一定的衰弱现象；妊娠母羊出现流产及胎儿死亡等症状。

3. 防治措施　本病尚无特效解毒药，主要在于预防。对饲料应经常进行检测和晾晒，防止霉变。一旦发现饲料霉变，立即停止喂养，饲料库也要定期进行消毒和晾晒，保证通风换气。对于中毒者，若是轻微中毒，可停止喂养霉变饲料，不用施药；中度中毒，必须用缓泻药物；严重者可用强心剂防止心力衰竭，有神经症状的加镇静剂，可用 20%～50% 葡萄糖注射液、维生素C、葡萄糖酸钙或 10% 氯化钠注射液，保肝和止血。切忌使用磺胺类药物。中药治疗：①以茵陈 20 g、栀子 20 g、大黄 20 g，水煎取汁，放凉后加葡萄糖或红糖 30～60 g，维生素C 0.1～0.5 g，混匀后一次灌服；②防风 15 g、甘草 30 g、绿豆 200 g，水煎取汁，加入红糖 40～60 g，混匀后一次灌服。

二、亚硝酸盐中毒

1. 病因　各种青嫩鲜草、作物秧苗及叶菜类等植物中均含有硝酸盐成分，当羊食入过多此类植物，在体内瘤胃微生物的作用下将硝酸盐转换为亚硝酸盐；或在给放牧羊补充饲料过程中将幼嫩青苗堆放过久，经雨淋、曝晒产生亚硝酸盐。当体内蓄积大量亚硝酸盐时，在体内表现为强氧化性，经瘤胃上皮进入血液后，可致血红蛋白变性，携氧能力下降。尤其是高剂量摄入后，机体会因吸收的亚硝酸盐浓度过高来不及分解代谢，引发羊群急性中毒。

2. 临床症状　动物中毒症状较轻时，往往表现为坐卧不安、呼吸困难、腹泻、呕吐、可视黏膜发绀；重症时呼吸衰竭、阵发性惊厥、昏迷乃至死亡。毒性反应程度与食入速度有关，不同的动物对亚硝酸盐的敏感性存在物种间差异。当羊发生该病时往往呈现发病急、病程短、救治困难的临床特点。最急性病例的羊表现为站立不稳，立即口吐白沫，倒地而死。急性型病例表现为呼吸极度困难，脉搏急速，全身发绀，体温降低，耳尖、尾端有黑褐色出血点，指压不褪色，全身肌肉战栗，最后衰竭倒地。

3. 防治措施

（1）预防措施　一是要改善青绿饲料的堆放和蒸煮过程；二是接近收割的青饲料不能再用含有硝酸盐的化肥农药进行施肥；三是对可疑饲料、饮水实行临用前的简易化试验，试验安全后再进行饲喂。

（2）治疗措施　该病的特效解毒剂是亚甲蓝（美蓝）和甲苯胺蓝。处方：①亚甲蓝，每千克体重 8 mg，使用浓度为 1%，配制时先用 10 mL 酒精溶解 1 g 亚甲蓝，后加灭菌注射用水至 100 mL，静脉注射或深部肌内分点注射；②甲苯胺蓝，每千克体重 5 mg，配制成 5% 注射液，静脉注射或肌内注射。用以上药物解毒治疗需重复进行，同时配合以催吐、下泻、促进胃肠蠕动和灌肠等排毒治疗措施，以及高渗葡萄糖输液治疗；对重症病畜还应采用强心、补液和兴奋中枢神经等支持疗法。也可选用：①市售蓝墨水 20～40 mL，分点肌内注射，10% 安钠咖注射液 3～5 mL，肌内注射；②绿豆 200 g、小苏打 100 g、食盐 60 g、木炭末 100 g，研碎，加少量水调匀，每日灌服 1 次，连用 2 d。

三、氢氰酸中毒

1. 中毒原因　羊采食大量高粱苗、玉米苗等富含氰苷的青饲料植物，进入瘤胃中水解和胃酸作用下，产生游离的氢氰酸，引起以呼吸困难、震颤和惊厥为特征的组织中毒性缺氧症。

2. 临床症状　家畜采食含有氰苷的饲料后 15～20 min，表现为腹痛不安，后肢踢腹，呼吸加快，肌肉震颤，全身惊厥，可视黏膜鲜红，流出白色泡沫状唾液；首先兴奋，很快转为抑制，呼出气有苦杏仁味，随后全身极度虚弱无力，步态不稳，很快倒地，体温下降，后肢麻痹，肌肉痉挛，瞳孔散大，反射减少或消失，心动过缓，呼吸浅表，最后昏迷而死亡。

3. 防治措施

（1）预防措施　减少饲喂含有氰苷的饲料，如木薯、高粱及玉米的鲜嫩幼苗、亚麻籽饼、豆类及蔷薇科植物，需要饲喂该类饲料时，最好放置于流水中浸泡24 h，或者漂洗后加工利用。此外，不要在含有氰苷植物的地区放牧家畜。

（2）治疗措施　①发病后立即用亚硝酸钠注射液，按每千克体重15～25 mg，溶解于5％葡萄糖溶液，配制成1％亚硝酸钠注射液，静脉注射，接着注射5％～10％硫代硫酸钠溶液20～60 mL，或亚硝酸钠1 g，硫代硫酸钠2.5 g，溶于50 mL蒸馏水，静脉注射，1 h后可重复应用1次；②排毒与防止毒物吸收，可选用催吐、洗胃和口服中和、吸附剂。10～20 g生绿豆粉，开水冲烫，去渣，凉至温热灌服催吐，超过4 h则不必采用此方法。

四、食盐中毒

1. 病因　通常羊的食盐添加量不能超过每千克体重6 g，成年羊食盐的致死量为每千克体重125～250 g，食盐添加后，如果没有及时供给饮用水、饮水量过少，会引起嗜伊红粒细胞性脑膜炎，表现为消化紊乱和神经症状。

2. 临床症状

病羊主要表现口渴，食欲或反弹减弱或停止，瘤胃蠕动消失，常伴发臌气。急性发作的病例，口腔流出大量泡沫，结膜发绀，瞳孔散大或失明，脉细弱而增数，呼吸困难。病初兴奋不安，磨牙，肌肉震颤，盲目行走和转圈运动，继而行走困难，后肢拖地，倒地痉挛，四肢不断划动，多为阵发性。严重时呈昏迷状态，最后窒息死亡。肌肉出现震颤与痉挛，过于兴奋，神情不安，运步失调或者盲目转圈，呼吸急促且困难，口腔变得干燥，眼结膜充血、潮红，视力变差，伴发腹泻、腹痛，排出混有黏液和血液的粪便。症状严重时表现出双目失明，后肢麻痹，关节挛缩等。发病后期，病羊往往卧地不起，四肢胡乱划动，陷入昏迷而死。病羊发生慢性中毒时，主要症状是食欲不振，体重下降，体温降低，体质衰弱，有时发生腹泻，往往由于衰竭而死。所以病羊如果有食入大量食盐或其他钠盐，同时饮水量不足的病史时，即应怀疑食盐中毒。

3. 防治措施

（1）预防措施　要妥善放置食盐，防止羊有食入过多食盐的机会。加强羊群管理，提供给羊群足够的无盐水，并严格控制饲料中添加的食盐量，要求根据实际生长情况采取定时、定量饲喂食盐，防止一次性摄入过量食盐。尽量不给羊群饲喂残羹剩饭、咸酱渣等，合理调控食盐摄入量。

（2）治疗措施　羊发生食盐中毒时要及早发现、尽快治疗，要立即停止给病羊供给食盐，并提供充足的清洁新鲜饮水，以减轻中毒症状。同时，根据病羊中毒的轻重程度采取不同的给药治疗。病羊中毒症状较轻时，可使用甘露醇注射液进行治疗，该药可促使血浆渗透压升高，使脑、眼、脑脊液的细胞间液水分流入血浆，使颅内压和眼内压降低。推荐每头病羊静脉注射该药 100～250 mL，并根据实际体重静脉注射葡萄糖注射液 550～1 000 mL，每天 1 次，连续用药 2～3 d。病羊中毒症状严重时，在使用以上药物的同时，还可辅助口服 50～100 mL 蓖麻油，每天早晚各 1 次，连续服用 3～5 d，能够有效缓解症状，加速康复。

五、尿素中毒

1. 病因　尿素常被用作蛋白质补充饲料，这是由于其中的含氮量能够达到 43%～45%，用其替代一些蛋白质饲料十分划算，但如果用量超标或者饲喂不正确就会导致中毒。对于羊来说，尿素的安全量是每天控制在 20 g 以内。

2. 临床症状　病羊主要表现为精神不振，神情呆滞，不安，来回走动并伴有呻吟，腹胀，停止反刍，肌肉发抖，持续强直性痉挛，呼吸困难，脉搏加快，出汗量明显增多，口吐白沫。经过 2 h 可见病羊倒地，且四肢呈游泳状划动，大多数病羊在 3 h 左右开始发生死亡。

3. 防治措施

（1）预防措施　严格控制尿素用量，给羊首次饲喂尿素时，用量必须小，通常控制在正常喂量的 10% 左右适宜，之后逐渐增加至正常喂量，过渡时间为 10～15 d，同时饲喂一些含有丰富糖和淀粉的谷物，如玉米、大麦等。在控制饲料中尿素适量的同时，要确保搅拌均匀后才可饲喂。禁止直接在饮水中添加尿素，也不允许在羊采食尿素后马上大量饮水，防止尿素快速分解而引起中毒。

（2）治疗措施　特异性治疗：取 $100\sim150$ mL 1% 的食醋，加入清水至 300 mL，依次给中毒严重和轻度的病羊灌服，如果卧地不起，则要使头部上仰，借助竹棍支开嘴巴，确保能够畅通呼吸，或者采取瘤胃穿刺放气。对症治疗：病羊肌肉抽搐、无法稳定站立时，可注射 500 mg 苯巴比妥用于缓解痉挛；呼吸困难时，可肌内注射 0.5 mg 肾上腺素。症状非常严重时，可直接切开瘤胃，取出适量的瘤胃内容物后对瘤胃进行清洗和常规缝合。经过 1 h 再灌服由 200 mL 水、500 mL 食醋和 150 g 白糖组成的混合溶液。

六、灭鼠药中毒

1. 病因　灭鼠药中毒是临床常见的疾病，是因为动物直接或间接食入灭鼠药引起的中毒。

2. 临床症状　病羊精神萎靡不振，拱背，卧地，不愿行走和站立，饲槽内有大量剩余饲草，有部分羊畏寒，流涎，口有少量白沫，部分羊肛门有稀样粪便附着物，有的粪便带血，精神较差的羊脉搏较弱，可视黏膜苍白，鼻和齿龈出血。

3. 防治措施

（1）特异性解毒剂　有机磷类中毒后可使用阿托品 $5\sim10$ mg 或碘解磷定 $20\sim50$ mg/kg，溶解于生理盐水 100 mL 静脉注射；氟乙酰胺中毒后可使用乙酰胺每天 $0.1\sim0.3$ mg/kg，肌内注射，或使用单乙酸甘油酯或半胱氨酸；抗凝血类灭鼠药中毒后可使用维生素 K $0.03\sim0.05$ g/次；抗鼠灵中毒后可使用烟酰胺肌内注射 $5\sim10$ mg/kg，2 次/d；鼠立死中毒用维生素 B_6。

（2）对症治疗　有抽搐、痉挛、惊厥等神经症状者给予镇静剂，如巴比妥、氯丙嗪、安定等；为防止脑水肿、肺水肿可给予脱水剂、利尿剂或皮质激素类药物；为保护心、肝、肾功能，控制呼吸衰竭、心律失常，用强心剂和呼吸兴奋剂；防止并发感染、电解质紊乱和休克，合理使用电解质溶液、抗生素和肾上腺皮质激素；有出血倾向者应用止血剂，如足量的维生素 K。

七、蛇毒中毒

1. 病因　蛇毒中毒是由于家畜在放牧过程中被毒蛇咬伤，蛇毒通过伤口进入体内引起中毒。

2. 临床症状　局部症状以四肢球关节咬伤较多。表现为被咬部位肿胀、热痛，甚至肿胀可上达腕关节。患羊跛行，患肢不能负重，站立时以蹄尖着地。严重时肿胀可达臂部，跛行明显，有时卧地不起。食欲不振，精神沉郁。体温可达 39～40℃，心悸亢进，结膜黄红色。如果咬伤四肢的大静脉，可以引起迅速死亡。全身症状表现为：由于呼吸中枢和血管运动中枢麻痹，导致呼吸困难，血压下降，休克以致昏迷，常死于呼吸麻痹和循环衰竭。血液循环毒的主要症状是全身战栗，继之发热，心跳加快，血压下降，皮肤和黏膜出血，有血尿、血便，死于心脏停搏。

3. 防治措施　一旦被毒蛇咬伤，先找准被咬伤部位，用绳子将伤口上部扎住，阻止毒液扩散，或扩大创面，采取挤压的方法排出毒液，然后采用以下治疗方法：①0.5％普鲁卡因 100～200 mL 进行局部注射封闭；0.2％高锰酸钾溶液 500 mL 清洗伤口；内服季德胜蛇药片，一次口服 20 片，2 次/d，连用5～7 d；盐酸四环素 400 万 IU、1％地塞米松注射液 4 mL、10％安钠咖注射液 30 mL、5％葡萄糖生理盐水 3 000 mL，静脉注射。②七叶一枝花根 10 g、青木香 20 g、半边莲 40 g、马齿苋 40 g、徐长卿 30 g，水煎取汁，一次灌服。

八、蜂毒中毒

1. 病因　蜂蜇伤羊皮肤时注入毒液而引起的中毒。

2. 临床症状　病羊全身，特别是口唇、口角周围、鼻部、耳内侧、乳房、蹄部等无毛处有大量的蜂蜇后留下的毒刺。病初蜇伤部位有捏粉样肿胀，用手触摸有温热感，病羊疼痛咩叫，用 16 号针头针刺肿胀部位，有黄红色液体流出。由于上下眼睑肿胀，眼紧闭、流泪、睁眼困难；鼻唇肿胀，呼吸困难，以吸气性呼吸为主，流涎，采食、咀嚼障碍，反刍停止。同时病羊神经兴奋，体温升高至 41℃。后期出现瘀斑，皮肤坏死。濒死羔羊出现荨麻疹，后期结膜苍白黄染，严重贫血，尿液为血红色。最后出现神经症状，步态不稳，走路摇摆，心律不齐，紧闭牙关，眼球震颤，因呼吸麻痹而死亡。

3. 治疗措施　立即拔出残留的毒刺。病初用 16 号针头行皮肤锥刺，挤压排出毒液，然后用肥皂水或 3％的高锰酸钾液冲洗，再用 5％～10％的碳酸氢钠涂擦患部，以达到消肿的目的。用 0.25％普鲁卡因加适量青霉素对肿胀周围进行封闭，防止肿胀扩散。用 0.5％氢化可的松 0.08 g 配合 10％葡萄糖和复方氯化钠溶液 250 mL 静脉滴注，以便脱敏抗休克。为保肝解毒，可用高渗葡萄糖、5％碳酸氢钠、10％葡萄糖酸钙及维生素 B_1 或维生素 C 等静脉滴注。

第五节 羊常见营养代谢病

一、母羊生产瘫痪

母羊生产瘫痪又被称为羊产后瘫痪，是羊生产阶段发病率较高的一种营养代谢性疾病。大多发生在妊娠母羊妊娠后期或生产前几天，主要是因为母羊的血糖、血钙显著降低，营养和能量供给不足，引发严重的营养代谢障碍，繁殖母羊不能正常站立及正常泌乳。发病原因十分复杂，尤其是冬春季节发病率较高。高产羊的发病率高，大多数羊群表现为精神状态变差，不能正常采食，如果没有做出有效的诊断和治疗，短时间内会出现死亡。

1. 病因 妊娠母羊进入生产阶段后，由于体内的血糖、血钙逐渐下降，大量能量物质被消耗，大量钙质随着初乳排出，引发钙元素缺乏。为了满足血钙的需求，机体会调用骨骼中的钙元素，造成骨钙大量流失，严重影响肌肉组织的正常功能，造成患病羊不能正常站立，长时间卧地不起。

2. 临床症状 发病母羊软弱无力，瘫痪，采食量逐渐下降，不能正常反刍，全身肌肉震颤，呼吸急促。病情加重后，体温逐渐下降到正常范围以下，最低可到35℃左右，四肢冰冷，濒临死亡。

3. 治疗

（1）静脉或肌内注射10%葡萄糖酸钙50～100 mL，或使用5%氯化钙、10%葡萄糖、10%安钠咖，使用量分别为60～80 mL、120～140 mL、50 mL，混合后一次静脉注射，1次/d，连续使用3 d为1个疗程；也可以选择20%磷酸二氢钠溶液100 mL一次静脉注射。

（2）取黄芪50 g、党参50 g、当归30 g、川芎20 g、桃仁15 g、续断15 g、桂枝10 g、木瓜10 g、牛膝30 g、秦艽30 g、白术20 g、甘草12 g、干姜30 g、杜仲20 g，水煎，每2 d一剂。

4. 预防 本病须关注繁殖母羊在妊娠阶段体内钙含量的动态变化，给予充足的蛋白质、能量及各种微量元素搭配合理的饲料，可有效预防本病发生。在母羊妊娠期间应向其投喂富含矿物质的饲料，保证钙元素添加量充足，利用维生素加速机体对钙元素的有效吸收。生产前应确保繁殖母羊有较好的运动环境，但不能过度运动，因为过度疲劳反而会引发钙元素的大量流失。母羊分娩后可以选择使用5%氯化钙、25%葡萄糖及10%安钠咖，使用量分别为40～

60 mL、80～100 mL、5 mL，混合后静脉注射，连续使用 2～3 d。分娩前和分娩后的 1 周内可以向羊群投喂蔗糖 10～15 g，保证血糖稳定，满足生产需求。针对习惯性发病的母羊，分娩前需要及时进行药物预防，可一次性静脉注射 10％安钠咖注射液 5 mL＋25％葡萄糖注射液 80～100 mL＋5％氯化钠注射液 40～60 mL。

二、羔羊白肌病

1. 病因　羔羊白肌病是缺乏肌营养引起的，因此也称为肌营养不良症或僵羊病。马、牛、猪、羊、鸭、鸡等畜禽均有可能发病，但是不同动物发病原因不同，而羔羊养殖中因为饲料牧草中缺少硒和维生素 E，容易引起发病。在羔羊饲料中钴、银、锌等微量营养物质含量过高，导致羔羊对硒的吸收不良，从而引起硒缺乏症。养殖中维生素 E 添加不足，也可能会致病，由于维生素 E 保存条件要求比较高，在周围温度较高、湿度大，受到太阳曝晒或被淋雨时，维生素 E 容易流失，不易被动物吸收，所以在缺少硒的地区和高温地区羔羊发病率极高。

2. 临床症状　当发生急性型白肌病时，羔羊通常在没有任何症状的情况下突然死亡，一般是发病后 6～8 h 拒绝站立、心律失常。有部分患病羔羊会出现尿频且排出暗红色或者淡红色尿液，也有部分患病羔羊出现异食癖现象。当发生慢性型白肌病时，羔羊主要表现出精神不振、行动迟缓、采食量下降、尿频等症状，有的羔羊还会出现顽固性腹泻。观察患病羔羊可见其背毛无光、可视黏膜苍白，随着病情的发展，羔羊生长发育受阻，越来越消瘦，可继发感染其他疾病。将病死羔羊解剖，可看到心肌柔软变大、质地变脆、局部颜色变浅，在心内、外膜可看到病灶，形状为斑块或条束状，颜色为苍白色或灰白色，同时，在心内膜还会看出血点；腰肌、背肌等骨骼肌病变呈对称性，与正常肌肉相比干燥、无弹性、颜色为灰白色；肺间质明显水肿且在被膜下可看到出血斑点；肾脏变软，颜色呈紫红色同土黄色相间变化；肝脏变大，质地硬脆，表面可看到点状或条状的坏死灶；脾脏萎缩且有瘀斑；真胃有炎症、出血，小肠黏膜或者盲肠部分黏膜充血或出血，颜色为紫红色。

3. 诊断　羔羊白肌病一般可根据病羊临床症状、病理解剖及饲养情况和当地硒元素是否缺乏来进行诊断。实验室诊断时，可对妊娠母羊、哺乳母羊及羔羊饲料中的维生素 E 和硒元素进行测定，然后综合分析判断；还可对患病羊血液中的硒元素含量、谷草转氨酶进行检测诊断,当硒元素小于0.005 mg/kg,谷草转氨酶含量明显升高时可判定为白肌病。

4. 治疗 对于急性发病的羊群,患病羊直接用0.1%氨基亚硒酸钠皮下注射液,患病羔羊2～4 mL/次,间隔治疗,观察10～20 d,如果其疾病症状不明显或者没得到明显缓解,则再对羔羊进行一次皮下注射;也可以加入少量维生素A和维生素E,用抗肌肉细胞滴血抑制药进行注射,每只小羔羊10～15 mL/次,1次/d,连续注射5～7 d。

5. 预防 在生产中,要以预防为主,把握"防重于治"的基本原则。创造良好的饲养环境,采取科学的管理方法,遵循正确的养殖规程,减少羔羊白肌病的发生。

羊舍定期清洁,杀菌消毒,注意保持良好的环境通风、干燥、卫生、温暖,羊舍粪便、污水等污物要及时用水冲刷干净。

做好羔羊护理的工作,尽量保证羔羊出生1 h内及时食用母羊初乳,6 h内能够食用不低于平均体重5%的初乳,增加羔羊抵抗力,促进健康生长。人工喂奶时,应定期定量合理地选择时间;且清洗整理好喂奶用具,注意羔羊的保暖措施。同时羔羊应尽早开始补充高蛋白质、矿物质丰富的优良饲料。

母羊的饲养管理要科学合理,对妊娠母羊、带羔母羊饲喂全价日粮,保证蛋白质、矿物质和维生素的充足供给,做到精粗饲料搭配合理,使母肥羔壮。羔羊先天发育良好,抵抗力就强。

预防羔羊生病,可以定期使用有效的抗菌药物制剂来帮助保护刚出生不久羔羊的肝和心脏,以及大脑和微血管的正常机能,并起到一定的抑菌或者清热解毒及消炎作用,防止酸性物质中毒;还可以抑制进入羔羊体内胃肠道的细菌发酵与腐败,通过饲喂新鲜青草或干草和新鲜胡萝卜来补充食物饲料中的大量水分和各种蛋白质。

三、青草搐搦

1. 发病原因 羊青草搐搦又叫低血镁症,也称羊缺镁痉挛症,是牛羊等反刍动物常见的矿物质代谢障碍性疾病,多发生于春夏牧草生长茂盛的多雨时节,尤以产后处于泌乳盛期的母羊多见。因春夏多雨,低洼、湿润、肥沃的幼嫩草地镁离子含量相对较少,羊长时间在这样的地块放牧,就会造成血液中镁离子浓度过低,往往在放牧开始后2～3周内发病。

2. 临床症状　急性发病的羊表现兴奋不安，对轻微刺激反应敏感，头颈、腹部、四肢肌肉震颤，重病时多发生强直性痉挛，倒地后不能站立。口角流出泡沫样唾液和排水样稀便，尿频。有的突然倒地，头颈侧弯，牙关紧闭，口吐白沫，瞬膜外突，心动过速，出现阵发性或强直性痉挛，粪尿失禁，如抢救不及时，则很快死亡。发病慢的羊，表现走路缓慢，活动乏力，后倒地，也可由急性转为慢性，最后常因全身肌肉搐搦使病情恶化而死亡。

3. 治疗　使用 25% 硫酸镁注射液 50～100 mL，25% 硼酸葡萄糖酸钙注射液 100～200 mL，静脉注射，同时，中药可选择羌活 10 g、防风 10 g、细辛 3 g、苍术 10 g、陈皮 9 g、枳壳 9 g、独活 10 g、川芎 10 g、白芷 10 g、桂枝 9 g、桔梗 10 g、甘草 10 g，以上药粉碎后，成年羊每天每只 30 g，羔羊每天每只 5～10 g，开水冲烫后灌喂，或 2% 拌料饲喂，连续使用 4～5 d。

4. 预防　在嫩草地上放羊时间不宜过长，吃得不宜太饱；或避开低洼、幼嫩草地，把羊放牧到高滩、山坡，或向阳、草老地带。饲料中镁含量达不到 0.2% 以上时，可在每 100 kg 饲草中添加硫酸镁 60～80 g 或麸皮 5～8 kg。经常发生该病的地区，应在平时补饲镁盐，以预防发病。加强草场管理，对缺镁土壤施用含镁肥料。可在放牧前开始每周对 100 m² 草场喷洒 2% 硫酸镁溶液 3 kg。同时控制钾肥的施用量，防止破坏牧草中镁、钾之间的平衡。三叶草中镁含量较高，在草地上间种 10%～20% 的三叶草，可使饲料中镁含量增加 20%～40%。逐渐调整从舍饲到放牧的过渡期，减少应激作用，有利于预防低镁血症。

第六节　羊常见寄生虫病

一、巴贝斯虫病

巴贝斯虫病又称蜱传热，属于梨形虫病的一种，是由巴贝斯虫感染后出现发热、贫血、黄疸、血红蛋白尿等临床特征的一类寄生虫病。巴贝斯虫是一类寄生于各种动物红细胞内的蜱传性血液原虫，根据其感染动物的不同可以对其进行分类，其中我国发现的寄生于羊体内的两种专一性巴贝斯虫为莫氏巴贝斯虫和羊巴贝斯虫。我国流行的巴贝斯虫虽然致病性弱，但分布较为广泛，严重危害养羊业。

1. 临床症状　巴贝斯虫感染宿主后一般潜伏期在 10～15 d。病畜初期体温升高至 40～42℃ 表现为高热稽留，精神沉郁，食欲减退，脉搏和呼吸速率加快，反刍迟缓或停止，轻度腹泻，可视黏膜苍白并逐渐发展为黄染。后期最明显的症状是出现血红蛋白尿，尿液颜色逐渐由淡红色加至黑红色。红细胞计数、血红蛋白量减少，血沉速度加快。耐过急性期的病畜转为慢性病，逐渐康复成为带虫者。

2. 诊断方法　根据特征性临床症状和流行病学分析可做出初步诊断。确诊可通过血涂片检查、血清学试验、死后剖检等任一检查为依据。也可以通过分子生物学技术如聚合酶链式反应和实时荧光定量 PCR 技术等方法进行诊断。

3. 治疗　将贝尼尔（三氮脒）用注射用水配成 5% 溶液（现用现配），按体重 7～9 mg/kg 进行深部肌内分点注射。根据情况连续使用 3 次，每次间隔 24 h。

解热：肌内注射 10 mL 复方氨基比林。

强心：肌内注射 10% 樟脑磺酸钠 5 mL，连用 4 d。

健胃：党参 30 g、干姜 20 g、白术 20 g、茯苓 15 g、砂仁 5 g、山药 30 g，磨粉，每天每只羊 15～30 g 拌料饲喂。

静脉滴注：40 mg ATP、1 000 mL 5% 的葡萄糖氯化钠注射液、30 mL 黄芪多糖注射液、2 g 维生素 C 混合输液，每天 1 次，连用 4 d。

抗贫血：肌内注射 5 mL 生血素、2 mg 维生素 B_{12}，每日 1 次，连用 2 d。

4. 预防

（1）加强饲养管理　注意山羊的饲料，应特别注重粗饲料与精饲料的搭配，尽量使营养分配均衡。

（2）改善卫生条件　及时清扫羊圈，确保羊圈干净卫生及通风良好。

（3）切断传播途径　尽量不到有蜱虫活动的草场放牧，并对养殖场周围的草丛进行铲除，且每天用 3% 火碱液消毒 1 次。

二、球虫病

羊球虫隶属于艾美耳亚目、艾美耳科、艾美耳属。在全世界范围内都有分布，是羔羊养殖场的一种重要病害，如果感染多种艾美耳球虫，会导致病羊严重的肠道损害和羊场的经济损失。本病多发于温暖多雨的季节，尤其是在潮湿、多沼泽的牧地上，因为羊球虫的卵囊易于在潮湿环境中发育与存活。因此该种疾病传播流行具有一定季节性，通常发生于每年 5—9 月，其中以 6—7 月发病率最高。2～6 月龄羔羊感染球虫后，临床症状十分严重，在粪便中会携带有大量球虫卵囊，有的感染率甚至高达 40％～80％，严重危害羔羊健康。

1. 临床症状　羊球虫病一般潜伏期在 2～3 周，因患病羊的年龄、球虫种类、感染强度和饲养管理条件的不同而出现不同程度的临床症状。羔羊多发急性型。患病羊在感染球虫后，先是出现腹泻症状，排黄色粥样稀便，粪便逐渐变稀，呈现番茄红色，有时在粪便中还能看到大量的血凝块。腹泻期，患病羊不停努责，随着症状加重，患病羊出现小便失禁。肛门周围或后股内侧被粪便严重污染。腹泻严重时，患病羊精神萎靡不振，患羊严重脱水，机体迅速消瘦，最终会因衰竭而死。成年羊多为隐性感染，虽然没有明显的临床症状，但是却是该病的主要传播者。

2. 诊断方法　根据其临床症状和流行病学调查可以进行初步诊断，确诊需要进行实验室检查。生前可以应用饱和盐水漂浮法检查粪便中的卵囊，死后可以进行剖检，对寄生部位做肠黏膜抹片，观察裂殖子和卵囊。

3. 防治措施

（1）治疗　氨丙啉和磺胺类药物对球虫病具有较好的治疗效果。可按照 1.2 mL/kg 剂量使用 3％磺胺丙氯拉嗪溶液治疗球虫，每日 1 次，持续服用 3～5 d。也可按照 25 mg/kg 的剂量服用氨丙啉，连续给药 14～19 d，或按照 50 mg/kg 的剂量连续服用 4 d。也可用莫能菌素和百球消两者交替使用，或按 20 mg/kg 喂服妥曲珠利，或按 1 mg/kg 喂服地克珠利，每日 1 次，连用 14 d。

中药治疗可取白头翁 20 g、马尾黄连 6 g、香附子 10 g、黄芩 15 g、秦皮 15 g、炒槐花 12 g、仙鹤草 15 g、炒枳壳 15 g，水煎，分两天喂服，连用 3 d，或磨粉，每天每只羊 10～30 g 拌料，连喂 3～7 d。

（2）预防　定期对羊舍进行消毒，可以使用 3％～5％热碱水消毒地面、食槽、饮水槽等，尽量将羊舍建设在通风、向阳的位置，及时清理羊舍的粪便污物。对于幼畜和成羊应该进行分群饲养，防止幼畜因带虫成羊而感染。流行严重地区，可采用氨丙啉，按照 5 mg/kg 体重进行拌料投喂，连用 21 d 达到药物预防效果。

三、片形吸虫病

片形吸虫病又称肝蛭病，是片形科片形属的肝片吸虫和大片吸虫寄生于反刍动物的肝脏胆管和胆囊内引起的寄生虫病。是一种非常重要的人畜共患吸虫病。该病的流行与外界自然条件关系密切。虫卵在低于 12℃时停止发育，且对高温和干燥敏感。因此该病主要流行于春末、夏、秋季节。

1. **临床症状** 该病的表现取决于体内虫体的数量、毒素作用的强弱及动物机体的状况。一般羊体感染 50 条成虫时会表现出明显的临床症状。片型吸虫的临床症状可分为急性症状和慢性症状两种。急性型主要发生于夏末和秋季，表现为虫体在移行路线上对各组织器官造成严重损伤和出血，尤其肝脏损伤最为严重，可引起急性肝炎。慢性型主要发生于冬春两季，病羊表现为食欲不振，身体渐进性消瘦，贫血现象逐渐加剧，黏膜苍白；被毛粗乱，无光泽且易断，偶见发生脱毛；眼睑及颌下水肿，有时也会发生下痢或便秘及胸腹下水肿。后期可能卧床不起，最终因恶病质而死亡。

2. **诊断方法** 可以根据临床症状、流行病学资料进行初步判断。通过动物剖解法、粪便检查法或实验室诊断法进行确诊。

3. **治疗** 首选药物为三氯苯达唑（肝蛭净），每千克体重使用 10 mg；硝氯酚的使用剂量为每千克体重 6 mg，1 次/d，连续使用 2 d 为 1 个疗程。

4. **预防** 为防止健康羊群吞食被囊蚴污染的草料和饮水，尽量不在潮湿的牧场上放牧；不把羊舍建立在低湿地区；对健康羊群每年驱虫一次；对羊场粪便进行堆肥发酵，避免粪便散布虫卵；消灭中间宿主椎实螺。

四、多头蚴病

多头蚴病俗称脑棘球蚴病，是由犬多头绦虫的幼虫寄生于反刍动物脑部、脊髓、中枢神经系统内引起的重要寄生虫病。

1. **临床症状** 因为多头蚴寄生于脑部，在脑部中寄生的部位不同可以引起不同的神经症状。具体表现为体温升高，呼吸急促，脉搏加快，有时强烈兴奋做回旋、前冲或后退运动，有时精神沉郁、长期卧地不起，重度感染的病畜多以死亡转归。

2. **诊断方法** 羊脑多头蚴病的诊断根据发病羊的临床症状和解剖病变可以得出初步诊断，确诊可利用病理解剖检查、变态反应实验等方法。

3. **防治措施**

（1）治疗 病初可以使用药物治疗，选取吡喹酮、丙硫苯咪唑、阿苯达唑等；病程严重时可以采取手术方法治疗。

（2）预防 羊每年进行 1～2 次预防性驱虫，选用吡喹酮、氯硝柳胺等特效的驱虫药。同时对家养的犬、猫进行预防性驱虫。

五、羊疥螨病

山羊疥螨病的病原为疥螨属的山羊疥螨寄生于羊皮肤表皮内所引起的一种慢性皮肤病，本病以剧痒、湿疹性皮炎、脱毛、患部逐渐向周围扩散和具有接触传染性为特征。

1. 临床症状　羊疥螨病一般在感染后 20～40 d 发病，表现为皮肤发红、脱毛、瘙痒、皮肤增厚、消瘦等。

2. 诊断　根据山羊疥螨病的临床症状、流行特点、病理变化、发病原因等方面可作初步诊断。确诊需进行皮屑检查，发现虫体，方可确诊。

3. 防治措施

（1）物理治疗　使用浓度为 0.1% 高锰酸钾溶液浸软患处，并对结痂的部位进行彻底清洗，待清洗过的痂皮逐渐软化后，用消毒过的刀片将痂皮轻轻刮除，然后用药物涂抹患病部位。

（2）药物治疗　采用伊维菌素颈部皮下注射 0.2 mg/kg，连用 3～5 d，间隔一周再治疗 1 次，彻底杀灭体表螨虫。同时对山羊患病部位进行羊毛修剪，使用温肥皂水冲洗患病部位，将其轻轻剥离，再用 0.05% 双甲脒药液，均匀涂抹在患病部位，连续用药 3～5 d。

（3）药浴治疗　对体表病症较为严重的病羊，选择晴朗温暖的天气，使用 0.05% 辛硫磷乳剂水溶液或 0.05% 双甲脒水溶液进行药浴。药浴处理前患病羊只不喂饲料，保证饮水充足，防止口渴误饮药液。按照患病羊只由轻微到严重情况依次进行药浴，患病轻微羊只浸泡 2 min 左右即可，严重羊只适当增加药浴时间，以巩固疗效。治疗时应间隔一周使用 1 次，连续使用 2～3 次。

（4）预防　在流行高发季节，除了定期地进行药物预防之外，还要加强栏舍、饲养用具的全面消毒，加强饲养管理，保持圈舍干燥清洁，勤换垫草等。一旦发现有羊出现瘙痒，不停摩擦皮肤，便要注意对其隔离，并对其他未患病羊进行药浴预防。

第八章
圭山山羊羊场建设与环境控制

过去，圭山山羊因常年放牧饲养，在圈舍建设方面投入很少，圈舍大多简陋，只是起到把羊圈住、遮风挡雨和防止乱跑丢失的作用。近年来，随着放牧资源减少，枯草期舍饲、半舍饲的饲养方式得到推广，圈舍建筑才逐渐受到农牧民重视，尤其是规模化、标准化养殖的兴起和发展，圈舍设计和建造成为圭山山羊养殖的重要组成部分。羊场环境是存在于羊场周围的可直接或间接影响羊的自然与社会因素之总体。一些畜牧业生产发达国家在生产中已广泛采用所谓的"环境控制畜舍"，这就为最大限度地节约饲料能量、有效发挥家畜的生产力、均衡获取优质产品创造条件，并成为畜牧生产现代化的标志之一。

第一节　羊场整体规划设计

一、整体规划

羊场整体规划包括生产区、饲料区、生活办公区的划分和隔离，饲料区、生活办公区尽量避免放置在生产区的下风。在车辆进入羊场区域前要设置消毒池，外来人员进出要设紫外灯消毒和消毒剂喷雾消毒。如果是种羊场，内部人员（包括饲料生产人员）进出生产区域也必须消毒。规模达到一定数量的羊场应该考虑成羊销售的出羊平台，平台最好能调节高度，以适应不同车辆装车的要求，如果可以利用出羊平台让外来人员不进羊场也能看到羊舍、羊群，则更为理想，图8-1为羊舍外环境图。

图 8-1　羊舍外环境

二、羊舍设计

　　羊舍建设需要考虑通风、采光、羊舍操作空间及羊舍的利用率等。通风是改善羊生活环境的重要手段，特别是冬季，通风不好，舍内氨浓度过高，容易引起呼吸道疾病，影响羊生长。通风可以采用纵向通风和屋顶通风球相结合，无动力通风球排气是经济有效的通风方式。为便于纵向通风，羊舍宜采用南北走向的房屋，长度以 30 m 左右为宜，过长则通风效果不佳。近出风口的羊经常处于高氨水平之下，南北向的羊舍采用机械通风可适当加长，以 40 m 左右为宜。如果采用机械纵向通风，东西走向的房屋也是没有问题的。羊舍通风不建议用吊扇压风，压风会搅动下层氨气和水分，加速氨气散发和水分蒸发，增加羊舍氨浓度和湿度，不利于夏季羊生长。羊舍设计上如果能考虑到夏季防蚊蝇的功能，对羊的生长则更为有利，防虫纱网可以在设计时考虑进去。羊舍的跨度应根据羊床的设置来确定，建议跨度选择 4～4.5 m，8～8.5 m 或 16 m，分别可以安排 2 排、4 排或 8 排羊床。羊舍又分砖木结构房、钢架结构大棚（图 8-2）和简易塑料大棚，造价成本高低不等，应根据经济实力选择建筑方式。

图 8-2　钢架结构羊舍内环境

第二节　羊舍建筑模式

高床是指用一定的建筑材料在离地面一定高度所搭建的有漏缝网板的羊楼。高床舍饲奶山羊，既不受草场的限制，又可提高产奶量和鲜奶的卫生质量，还可减少疾病的发生。

山羊喜清洁、爱干燥，厌恶污浊、潮湿，其嗅觉高度发达。因此，羊舍应选择在地势高燥、排水畅通的地方。羊舍的坐向和建筑设计都应有利于夏季的通风和冬季的保暖、阳光的照射。

一、高床建造方法

根据养殖规模设置单列式或双列式高架羊床，床体基架高度以 0.8～1 m 为宜，也可根据实际情况调整高度。床体基架可用砖混砌成或用钢管、钢筋焊接，基架要筑牢。羊床下集粪地面的坡度为 45°左右，后接排尿沟，便于及时清理粪尿。

二、羊床建造

采用木条或竹片均匀地铺设在楼台上，固定形成羊床。木条规格为 3.3 cm×3.3 cm，木条间隙以 1.2～2 cm 为宜，避免羊脚被卡住，影响羊群活动。成年羊舍的木条间距可适当宽些，以 1.8～2 cm 为宜，羔羊舍木条间距可适当窄些，以 1.2～1.5 cm 为宜，利于羊粪从木条间隙漏下（图 8-3）。有条件的羊舍也可以使用混凝土制成类似上述规格的 0.5 m×1.5 m 预制板进行铺设或者购买塑料材质的预制高床网铺设。为便于饲养管理，根据羊群数量把羊床分成若干个单元，一般以 20～30 只羊为一圈。

图 8-3　高床木制漏粪板

三、围栏和圈门建造

羊床四周围栏高度以 1.2～1.5 m 为宜，围栏竖条（或横条）宽度 5～8 cm，可用木条、竹片、镀锌管、钢管、钢筋等制成。采食侧的围栏制作成颈枷，间隙可使羊伸出头方便采食为宜，颈枷可做成倒"八"字形，上宽下窄，上口宽处 30～40 cm，下口窄处 10～20 cm。

羊圈门应开在投饲通道，每圈一门，大小为 2 m×1.2 m，圈门设置成可拆卸式。高床羊舍与运动场间应设置专门通道，大小为 1.5 m×1.2 m，便于羊只外出运动（图 8-4）。

图 8-4　羊舍与运动场

四、食槽和水槽的建造

高床外设置食槽和水槽，食槽横切面为梯形，内侧深20～25 cm，外侧深25～30 cm，外宽50 cm，内底宽25 cm。水槽建议使用饮水器代替，饮水器清洁卫生，距离床面高度30～40 cm（图8-5）。

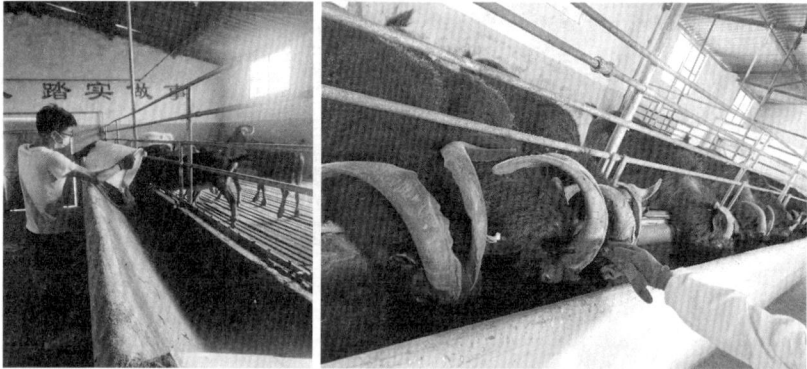

图8-5 高床羊圈食槽

五、高床养殖密度

根据羊的年龄、性别、体况大小、生长阶段及饲养量综合而定，各个羊群坚持"年龄相仿、生长阶段相同、区别对待弱小"的原则进行分群管理。通常情况下，不同类型羊每只较适宜的占地面积分别为：羔羊0.3～0.5 m²、育成羊0.6～0.8 m²、成年羊1～1.5 m²、种公羊1.5～3 m²、孕母羊或哺乳羊2～2.5 m²。

六、通风换气

建设羊舍时，应在两边墙留有一定面积的窗户，使舍内空气形成对流，或者靠南的一面建成半开放式，以利于舍内废气的排出、降温及换气。

第三节　饲养环境控制

一、选址与羊舍建设

羊场要远离居民区、闹市区、学校、交通干线等2 km以上，便于防疫隔离，以免传染病发生。选择有天然屏障的地方建栏舍最好，使外人和牲畜不易经过。羊场宜地势高燥，背风向阳，排水良好，地势宜坐北朝南或坐西北朝东南方向的斜坡地。切忌在低洼涝地、潮湿风口、山体不稳定等地建羊场。圭山山羊养殖场址选择在生态环境良好、无工业"三废"污染、村落散布、人口稀少、地势高燥、排水畅通的地方。

二、饮水及饲料基础

水源应充足、水质好、无污染。不能让羊饮用池塘或洼地的死水。同时，要有电源设施，便于饲草、饲料加工。建场要求土地面积较大，要有发展前途，有条件的养殖户还可考虑建立饲料生产基地。

山羊饲养饮用水质量应符合表8-1要求，养殖场外环境空气质量应符合表8-2要求，养殖场区及舍内空气质量应符合表8-3要求。

表8-1 山羊饮用水质量指标

项目	指标	检测方法
色度	≤15，并不呈现其他异色	GB/T 5750.4
浑浊度	≤3	GB/T 5750.4
嗅和味	不应有异臭和异味	GB/T 5750.4
肉眼可见物	不应含有	GB/T 5750.4
pH	6.5～8.5	GB/T 5750.4
氰化物，mg/L	≤0.05	GB/T 5750.5
氟化物（以F计），mg/L	≤1.0	GB/T 5750.5
总砷，mg/L	≤0.05	GB/T 5750.6
总汞，mg/L	≤0.001	GB/T 5750.6
总镉，mg/L	≤0.01	GB/T 5750.6
六价铬，mg/L	≤0.05	GB/T 5750.6
总铅，mg/L	≤0.05	GB/T 5750.6
菌落总数，CFU/L	≤100	GB/T 5750.12
总大肠菌群，CFU/1000 mL	不得检出	GB/T 5750.12

表 8-2 养殖场外环境空气质量指标

项目	日平均	1 h 平均	检测方法
总悬浮颗粒物（标准状态），mg/m³	≤0.30		GB/T 15432
二氧化硫（标准状态），mg/m³	≤0.15	≤0.50	HJ 482
氮氧化物（标准状态），mg/m³	≤0.08	≤0.24	HJ 479
氟化物，μg/m³	≤7	≤20	HJ 955

表 8-3 养殖场区及舍内空气质量要求

序号	项目	单位	指标	检测方法
1	总悬浮颗粒物（标准状态）	mg/m³	≤3	GB/T 15432
2	二氧化碳	mg/m³	≤1 500	HJ 870
3	硫化氢	mg/m³	≤10	GB/T 14678
4	氨气	mg/m³	≤25	HJ 533
5	恶臭	稀释倍数	≤70	GB/T 14675

三、预防传染病

建场前应对周围地区进行调查，有无传染病、寄生虫病发生，尽量选择四周无疫情发生的地点建场。

四、交通条件

选址要考虑交通运输方便，但距交通要道不少于 500 m，同时尽量避开附近饲养场转场通道，便于疫病的隔离和封锁。

第九章
废弃物处理与资源化利用

圭山山羊养殖过程中，会产生垫料、粪尿、污水、病死羊只尸体等废弃物。废弃物中常混有各种细菌、病毒、寄生虫等病原微生物，如果不及时合理处置，很容易在场内造成二次污染，甚至许多人畜共患传染病和寄生虫病的病原体会危害人类健康。因此，对羊场内废弃物进行无害化处理和资源化利用，防止和消除废弃物的污染，对于保护生态环境和养羊业可持续发展具有十分重要的作用。

第一节 粪便的处理与资源化利用

传统的畜牧业生产以家庭饲养为主，饲养数量少，产生的粪便就地利用，是有机肥的重要来源。随着畜牧业标准化、集约化、规模化的发展，养殖场内产生了大量的牲畜粪尿、污水和恶臭气体，对水体、土壤、大气和人体健康及生态环境造成了直接或间接的影响。粪便的无害化处理及污染源控制已成为目前亟待解决的问题，对实现经济、社会、生态协调可持续发展具有重要的意义。

一、发酵处理

发酵处理可利用各种微生物分解粪中有机成分，有效地提高有机物质的利用率。主要方式有以下几种。

1. 充氧动态发酵 在适宜的温度、湿度及供氧充足的条件下，好氧菌迅速繁殖，将粪中的有机物质分解成易被消化吸收的物质，同时释放出硫化氢、氨气等气体。在 45～55℃ 条件下处理 12 h 左右，可生产出优质的有机肥料和再生饲料。

2. 堆肥发酵处理 将畜粪和垫草等固体有机废弃物按一定比例堆积起来，在微生物作用下，进行生物化学反应而自然分解。随着堆内温度升高，可杀灭其中的病原菌、虫卵和蛆蛹，达到无害化处理并成为优质有机肥料（图 9-1）。

图 9-1 羊粪堆肥发酵处理

3. 沼气发酵处理 为厌氧发酵过程，可直接对粪水进行处理。其优点是产出的沼气是一种高热值可燃气体，沼渣是很好的肥料。经过处理的干沼渣还可作为饲料。

二、干燥处理

1. 脱水干燥处理 经过脱水干燥，使羊粪中的含水率降低到 15％ 以下，抑制羊粪中微生物活动，减少养分损失，便于包装运输。

2. 高温快速干燥处理 采用高温快速干燥设备（如回转圆筒烘干炉等）可在短时间（10 min 左右）内将羊粪迅速干燥成含水率 10％～15％ 的干粪。

三、药物处理

在急需用肥的季节或在血吸虫病、钩虫病流行的地区，为了在短时间内使粪肥达到无害化，可采取药物处理的方法。选用的药物应以对农作物和人、畜无害，不损失肥效、灭卵效果好、价格低和使用方便为前提。常用的药物有敌百虫、尿素、硝酸铵等。

四、羊粪的利用

（一）直接用作肥料

羊粪是优质的有机肥料，在改善土壤理化性状、提高肥力方面具有化肥所不能代替的作用。有的地区常将家畜粪便直接施入农田，为防止污染土壤和提高肥效，应经过高温腐熟或药物处理后再利用。实践证明，生态还田堆肥技术是解决粪便污染最好的一种方法。此方法是在传统农牧结合处理粪便方法的基础上改进提高的，具有使用设备少、投资少、操作简单、运行费用低等优点，对城市郊区和农村的中小规模养殖场较适用。施肥前应了解土壤类型、成分及作物种类，确定合理的作物养分需要量，计算出羊粪施用量。

（二）生产复合肥

羊粪经发酵、烘干，然后与无机肥配制成复合肥。复合肥松软、易拌、无臭味，且施肥后不再发酵。

五、羊粪的污染控制

推广合理的饲料配方，按照可消化氨基酸含量理想蛋白质模型，配制平衡日粮，提高饲料的转化效率，使营养素排出减少，减轻对环境的污染。进一步完善添加剂的使用和检测法规，研究和生产新型无害添加剂。

推广生态养殖体系，按照生态学原理，建立生态工程处理系统，以农牧结合、果牧结合、渔牧结合等多种形式实现对动物排泄物的多级循环利用。粪尿进行厌氧发酵生产沼气，或通过分离器或沉淀池将固体厩肥与液体厩肥分离，达到净化环境和获得生物能源的目的。

第二节　污水的控制

污水中可能含有有害物质和病原微生物，如果不经过处理，任意排放，将污染地表水和地下水，直接影响居民生活用水的质量，甚至造成疫病的传播，危害人、畜健康。污水的处理方法包括物理处理法、生物处理法和化学处理法3种。

一、物理处理法

又称为机械处理法，是污水的预处理，去除可沉淀或上浮的固体物，减轻二级处理的负荷。常用的处理方法包括筛滤、隔油和沉淀等。

二、生物处理法

利用自然界的大量微生物氧化分解有机物，除去废水中呈胶体状态的有机污染物质，使其转化为稳定、无害的低分子水溶性物质、低分子气体和无机盐。

三、化学处理法

经过生物处理后的污水一般还含有大量的菌类，需经消毒药物处理。常用方法是氯化消毒，将液态氯转变为气体，通过消毒池，可杀死 99% 以上的有害细菌，也可用漂白粉消毒，即每吨水中加有效氯 0.5 kg。

第三节　空气质量的控制

空气消毒方法有物理消毒法和化学消毒法。物理消毒法常用的有通风和紫外线照射两种方法。通风可减少室内空气中微生物的数量，但不能杀死微生物；紫外线照射可杀灭空气中的病原微生物。化学消毒法有喷雾和熏蒸两种方法。用于空气化学消毒的药品需具有迅速杀灭病原微生物、易溶于水、蒸汽压低等特点，如福尔马林、过氧乙酸等。

一、紫外线照射消毒

紫外线杀菌能力强而且比较稳定，对不同的微生物灭活所需的照射量不同。紫外线灯一般于空间 6～15 m² 安装 1 只，灯管距地面 2.5～3 m，紫外线灯于室内温度 10～15℃、相对湿度 40%～60% 的环境中使用，杀菌效果最好，照射时间不少于 30 min。紫外线灯使用 1 400 h 后需及时更换。

二、喷雾消毒

利用气泵将空气压缩，然后通过气雾发生器使稀释的消毒剂形成一定大小的雾化粒子，均匀地悬浮于空气中，覆盖在被消毒物体表面，达到消毒的目的。喷出的雾粒直径应控制在 $80\sim120~\mu m$，雾粒过大易造成喷雾不均匀和圈舍太潮湿，且在空中下降速度太快，与空气中的病原微生物、尘埃接触不充分，起不到消毒空气的作用；雾粒过小则易被牲畜吸入呼吸道诱发疾病。

三、熏蒸消毒

先将消毒场所彻底清扫、冲洗干净，关闭所有门窗、排气孔，根据消毒空间大小计算消毒药用量，常用的消毒药品包括福尔马林、高锰酸钾粉、固体甲醛、过氧乙酸等。

第十章
圭山山羊产品开发利用与品牌建设

第一节　圭山山羊奶产品加工

一、概述

圭山山羊属路南地方优良品种，肉乳兼用，既产乳又产肉，用其乳制作的路南乳饼最为闻名。

羊奶之所以受到越来越多的消费者青睐，是因为羊奶与牛奶比较具有以下优势：总体来看，羊奶中含有200多种营养物质和生物活性因子，其中蛋白质、脂肪酸和维生素的总含量高于牛奶，且含有丰富的小分子活性蛋白质，更容易被人体吸收。山羊奶乳清中有免疫球蛋白和血清白蛋白，乳铁蛋白、转铁蛋白、叶酸结合蛋白等功能性的蛋白质，以及溶菌酶、乳过氧化物酶等酶类；山羊奶中除色氨酸、精氨酸外，其他氨基酸的绝对含量均高于牛奶；山羊奶碳水化合物含量中低聚糖的种类较多，某些低聚糖如唾液酸的含量也高于牛奶；山羊奶中B族维生素的含量也较为丰富，烟酸含量高于牛奶。

圭山山羊奶呈乳白色的均匀不透明流体，具有羊奶固有的香味，略带膻味，味道浓厚幽香，微甜。就其特征性挥发性风味物质而言，基于现代气质联用组学（GC-MS），圭山山羊奶中共检测到41种特征性挥发性风味物质，主要包括醛、酮、酸、辛、酯等，见表10-1。

二、圭山山羊奶产品加工

（一）山羊奶生产

1. 山羊奶简介　山羊乳是奶山羊分娩后从乳腺分泌的一种白色或稍带微黄

表 10 - 1　圭山山羊奶中挥发性风味物质

英文名称	中文名称	CAS 号
Phenol	苯酚	108 - 95 - 2
2 - Octanone	仲辛酮	111 - 13 - 7
2,3 - Hexanedione	2,3 -己二酮	3848 - 24 - 6
2 - Pentanone,3 - methyl -	3 -甲基 - 2 -戊酮	565 - 61 - 7
2 - Decanone	2 -癸酮	693 - 54 - 9
Acetone	丙酮	67 - 64 - 1
2 - Hydroxy - 3 - pentanone	2 -羟基 - 3 -戊酮	5704 - 20 - 1
2,3 - Butanedione	2,3 -丁二酮	431 - 03 - 8
Acetoin	3 -羟基 - 2 -丁酮	513 - 86 - 0
2,3 - Pentanedione	2,3 -戊二酮	600 - 14 - 6
Hexadecane	正十六烷	544 - 76 - 3
Styrene	苯乙烯	100 - 42 - 5
Cyclohexenc,1　methyl - 4 -(1 - methylethenyl)-,(S)-	(-)-柠檬烯	5989 - 54 - 8
Nonalactone	丙位壬内酯	104 - 61 - 0
Pentanoic acid,2 - methyl -,methyl ester	2 -甲基戊酸甲酯	2177 - 77 - 7
2H - Pyran - 2 - one,tetrahydro - 6 - propyl -	丁位辛内酯	698 - 76 - 0
Formic acid,heptyl ester	甲酸庚酯	112 - 23 - 2
Ethyl Acetate	乙酸乙酯	141 - 78 - 6
Benzeneacetaldehyde	苯乙醛	122 - 78 - 1
2 - Nonenal,(E)-	反式 - 2 -壬醛	18829 - 56 - 6
Butanal,2 - methyl -	2 -甲基丁醛	96 - 17 - 3
2 - Pentenal,(E)-	反式 - 2 -戊烯醛	1576 - 87 - 0
Butanal,3 - methyl -	异戊醛	590 - 86 - 3
2 - Heptenal,(E)-	(E)- 2 -庚烯醛	18829 - 55 - 5
Mcthanethiol	甲硫醇	74 - 93 - 1
1 - Butanol,3 - methyl -	异戊醇	123 - 51 - 3
3 - Pentanol	3 -戊醇	584 - 02 - 1
1 - Penten - 3 - ol	1 -戊烯 - 3 -醇	616 - 25 - 1
1 - Pentanol	1 -戊醇	71 - 41 - 0
3 - Buten - 1 - ol,3 - methyl -	3 -甲基 - 3 -丁烯 - 1 -醇	763 - 32 - 6
Butanoic acid	丁酸	107 - 92 - 6
Acetic acid	醋酸	64 - 19 - 7
Formic acid	甲酸	64 - 18 - 6

（续）

英文名称	中文名称	CAS 号
Dimethyl trisulfide	二甲基三硫	3658 – 80 – 8
Dimethyl Sulfoxide 2,4 – Decadienal,(E,E)-	二甲基亚砜(有机硫化合物)	67 – 68 – 5
Tetrahydrofuran	四氢呋喃	109 – 99 – 9
Dimethyl sulfone	二甲基砜	67 – 71 – 0
Disulfide,dimethyl	二甲基二硫	624 – 92 – 0
Furan,2 – pentyl -	2 -正戊基呋喃	3777 – 69 – 3
Pyrrole	吡咯	109 – 97 – 7

黄色的不透明液体。它含有婴幼儿生长发育所需要的全部营养成分，是哺乳动物出生后最适于消化吸收的全价食物。其中产仔 7 d 后至干奶期前 7 d 所产的成分性质基本稳定、具有新鲜乳的气味、形态呈均匀流体、无肉眼可见杂质、适宜于产品加工的乳为正常乳，其他为异常乳，主要包括：

（1）生理异常乳

①初乳：山羊分娩 7 d 之内所分泌的乳汁，特别是 3 d 之内的初乳。

②末乳：干乳期前 7 d 所产的乳。

③营养不良乳：饲料不足、营养不良的山羊所产的乳汁，乳成分普遍偏低。

（2）化学异常乳

①酒精阳性乳：用 68％或 72％浓度的酒精与等量乳混合后，凡出现凝块的乳，羊乳还可采用加热试验判定其新鲜度。

②低成分乳：由于遗传和饲养管理等因素的影响，乳的成分发生异常变化，使干物质含量过低的乳。

③混入杂质乳：即混入乳中原来不存在的物质的异常乳。

④细菌污染乳：原料乳被微生物严重污染产生异常变化的异常乳。

（3）病理异常乳

①乳房炎乳：乳糖含量降低，氯含量增加，球蛋白含量升高，酪蛋白含量下降，体细胞数增多，无脂乳干物质含量较常乳少。

②患有肺结核病、口蹄疫、布鲁氏菌等病的奶山羊所产的乳，乳品质量差，带有人畜共患病菌的隐患，在养殖上要注意"两病"净化。

2. 挤奶　目前奶山羊常用的挤奶方式有手工挤奶和机器挤奶两种。

（1）手工挤奶　手工挤奶的方法通常指通过人工反复挤压山羊的乳头，并压榨挤出乳汁的过程。挤奶时，要注意挤奶的手势、挤奶的顺序以及乳房的护理工作。其技术要点是将奶头纳在四个手指内，乳头下端露出少许，不使乳汁沾指，也不损伤乳头，这样操作可以保证用力均匀、速度快、不易疲劳。

用拇指和食指压紧乳头基部，用中指、无名指、小指，自上而下顺序按压乳头管，通过左、右两手有节奏地"一紧一松"地连续压榨而挤出乳汁。如此反复进行，直到把奶挤净，特点是乳头管受压力均匀，排乳有节律，手和乳头清洁、卫生、干燥，山羊泌乳速度快，持续时间短。挤奶时动作要迅速，动作要平稳而有力，不能中间停顿，挤奶动作要由慢到快，控制在 80～120 次/min，挤奶时要保证一次挤完，先挤前两侧乳头，再挤后两侧乳头，挤奶时间控制在 5～8 min 内。

（2）机器挤奶 在中型以上的农场通常使用挤奶机挤奶。挤奶机利用真空原理把乳从乳头中吸出。该设备由一个真空泵、一个作为乳采集器的真空容器、一个与真空容器由软管连接的吸乳杯和一个交替地对吸乳杯施以真空和常压的脉冲器组成。机器挤奶示意图见图 10-1，云南羊羊好农牧发展有限公司机器挤奶见图 10-2。

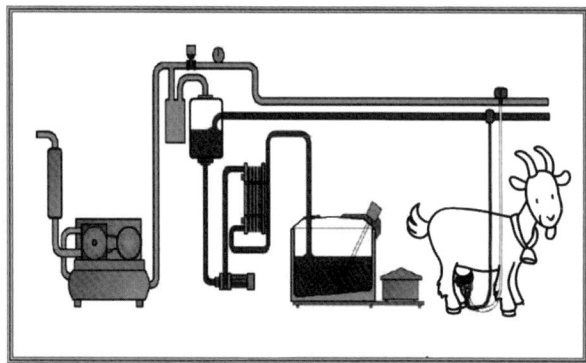

图 10-1 机器挤奶示意图

3. 羊奶保鲜 导致羊奶腐坏的主要原因是微生物污染繁殖导致酸败，目前最简单的保鲜方法为低温保鲜法和加热杀菌保鲜法。

（1）低温保鲜法 将生鲜奶在 0～4℃ 条件下贮藏。首先采用冷链条件生产生鲜乳，如标准化羊场建设，有效改善山羊养殖环境，减少微生物来源；机器挤奶避免了生乳与外界环境接触的机会，减少了污染源；采用板式热交换器（冷排技术）快速将生乳降温至 4～8℃，且低温条件下贮藏运输，有效减少了

图 10-2　云南羊羊好农牧发展有限公司机器挤奶

微生物生长繁殖。

（2）加热杀菌保鲜法　生鲜羊奶经 65℃、30 min，或 85℃、15 s 巴氏杀菌，快速冷却至 10℃后，在 4℃低温条件下贮藏保鲜。

（二）鲜羊奶加工

鲜羊奶是以生羊奶为原料，经净化、标准化、均质、巴氏杀菌和灌装后，直接供应给消费者饮用的商品乳，又名巴氏杀菌乳，其特点是以合格生乳为原料，不添加任何添加剂加工而成；通常采用巴氏杀菌的方法生产，产品营养价值保存较完好；冷链贮藏，保质期一般为 3～7 d。

1. **鲜羊奶的加工工艺流程**　生羊乳→预处理→标准化→均质→杀菌→冷却→灌装→质检→成品。

2. **鲜羊奶的加工技术要点**

（1）生羊乳　鲜乳的质量决定于生乳，必须进行认真检验。对生产优质鲜乳的生乳有较高的要求，一般经感官、理化和卫生指标检验，关键指标包括相对密度、蛋白质、脂肪含量、杂质度，以及非脂乳固体含量、污染物限量、真菌毒素限量、微生物限量等。未检索到生羊乳相关标准，可参考《生乳》（GB 19301—2010）国家标准。

A. 感官要求：应符合表 10-2 的规定。

B. 理化指标：应符合表 10-3 的规定。

C. 污染物限量：应符合 GB 2762 的规定。

D. 真菌毒素限量：应符合 GB 2761 的规定。

E. 微生物限量：应符合表 10-4 的规定。

表 10-2 感官要求

项目	要求	检验方法
色泽	呈乳白色或微黄色	取适量试样置于 50 mL 烧杯中，在自然光下观察色泽和组织状态。闻其气味，用温开水漱口，品尝滋味
滋味、气味	具有乳固有的香味，无异味	
组织状态	呈均匀一致液体，无凝块、无沉淀、无正常肉眼可见异物	

表 10-3 理化指标

项目	指标	检验方法
相对密度，20℃/4℃	≥1.027	GB 5413.33
蛋白质，g/100 g	≥2.8	GB 5009.5
脂肪，g/100 g	≥3.1	GB 5413.3
杂质度，mg/kg	≤4.0	GB 5413.30
非脂乳固体，g/100 g	≥8.1	GB 5413.39

表 10-4 微生物限量

项目	限量 [CFU/g (mL)]	检验方法
菌落总数	≤2×10^6	GB 4789.2

F. 农药残留限量和兽药残留限量：农药残留量应符合 GB 2763 及国家有关规定和公告。兽药残留量应符合国家有关规定和公告。

（2）预处理 包括预热、过滤、净化、脱气等步骤，目的是除去乳中的尘埃、杂质和异味。方法是先把乳预热到 40℃，用纱布或细金属网滤除尘土、毛发、粪屑、饲料等颗粒较大的物质；对一些微小的机械杂质，细菌细胞等需用离心净乳机净化；乳的脱气，通常采用闪蒸设备进行，在乳槽车、收乳间上安装脱气设备，车间使用真空脱气罐，将乳加热到 68℃ 后，泵入真空脱气罐，然后降低羊乳温度至 60℃，羊乳蒸发遇到冷凝器后回落，而气体被蒸发。

（3）标准化 目的是使鲜乳的质量符合国家标准。当原料乳蛋白、脂肪含量低于或高于相关标准时，经计算后添加或减少稀奶油、蛋白质等。一般工厂化生产时均安装有乳品标准化机械。

（4）均质 所谓均质就是将乳中脂肪球等大分子物质在强力机械作用下粉碎成小的脂肪球。目的是防止鲜羊乳在贮存过程中形成稀奶油层，通常脂肪直

径在 $3\,\mu m$，经均质后大部分小于 $1\,\mu m$，因此均质能改善羊乳的消化、吸收程度。均质的原理是：均质机是一种高压泵，一方面，加高压的羊乳通过均质阀流向低压时，由于切变和冲击的力量使乳脂肪破碎；另一方面，由于乳通过阀门后随着压力的消失产生"空化效应"使脂肪球破碎，一般采用的压力为 $170\,kg/cm^2$（$140\sim210\,kg/cm^2$）。

（5）巴氏杀菌　目的是杀灭可能存在的病原菌，以延长乳品的货架期，同时使乳品的风味得到增强。常用的杀菌方法有：①低温长时间杀菌法（LTLT杀菌法），加热条件为 $60\sim65\,℃$、$30\,min$。②高温短时间杀菌法（HTST杀菌法）：杀菌条件为 $75\sim85\,℃$、$15\,s$，最常用的是流动式热处理，通常采用板式热交换器进行杀菌。因其具有能适应处理大量羊奶，杀菌效果较好，设备投资适中等优点，被大多数厂家采用。

（6）冷却　乳经杀菌后，应及时冷却至 $4\,℃$，因为环境中充满着微生物，而乳是微生物良好的培养基，会被再次污染。方法是用片式杀菌器时，乳经过冷却区段后已冷至 $4\,℃$；用保温罐式或管式杀菌器时，需用冷排或其他方式将乳冷却至 $4\,℃$。

（7）灌装　灌装的目的是防止乳品再次被微生物污染、混入杂质、产生异味，以及便于商品运输、销售，保证羊奶质量。常用的灌装容器有玻璃瓶、塑料瓶及涂塑纸盒、袋等。从产品安全性方面考虑，包装过程应高度重视卫生条件，理想的条件是无菌灌装，多采用全自动灌装方法，常见的有全自动玻璃瓶灌装机、无菌菱形袋包装机、无菌砖形盒包装机等。

（8）质检　灌装好的鲜羊奶，经检验合格后先送入冷库中冷藏，冷库温度为 $4\sim6\,℃$，再进行分销。未检索到鲜羊奶的相关标准，可参考巴氏杀菌乳（GB 19645—2010）。

A. 感官要求：应符合表 10-5 的规定。

表 10-5　感官要求

项目	要求	检验方法
色泽	呈乳白色或微黄色	取适量试样置于 $50\,mL$ 烧杯中，在自然光下观察色泽和组织状态。闻其气味，用温开水漱口，品尝滋味
滋味、气味	具有乳固有的香味，无异味	
组织状态	呈均匀一致液体，无凝块、无沉淀、无正常视力可见的异物	

B. 理化指标：应符合表 10 - 6 的规定。

表 10 - 6　理化指标

项目	指标	检验方法
脂肪[a]，g/100 g	≥3.1	GB 5413.3
蛋白质，g/100 g		GB 5009.5
牛乳	≥2.9	
羊乳	≥2.8	
非脂乳固体，g/100 g	≥8.1	GB 5413.39
酸度，°T		GB 5413.34
牛乳	12～18	
羊乳	6～13	

注：[a]仅适用于全脂巴氏杀菌乳。

C. 污染物限量：应符合 GB 2762 的规定。

D. 真菌毒素限量：应符合 GB 2761 的规定。

E. 微生物限量：应符合表 10 - 7 的规定。

表 10 - 7　微生物限量

项目	采样方案[a] 及限量（若非指定，均以 CFU/g 或 CFU/mL 表示）				检验方法
	n	c	m	M	
菌落总数	5	2	50 000	100 000	GB 4789.2
大肠菌群	5	1	1	5	GB 4789.3
金黄色葡萄球菌	5	0	0/25 g（mL）	—	GB 4789.10
沙门氏菌	5	0	0/25 g（mL）	—	GB 4789.4

注：[a]样品的分析处理按 GB 4789.1 和 GB 4789.18 执行。n 指同一批次产品应采集的样品数量；c 指最大可允许超出 m 值的样品数；m 指微生物指标可接受水平的限量值；M 指微生物指标的最高安全限量值。下表同。

（三）羊奶酸乳的加工

2010 年，发酵乳被我国正式定义为以生牛（羊）乳或乳粉为原料，经杀菌、发酵后制成的 pH 降低的产品，并规定由加工过程所使用到的原料、菌种不同，可以将其分为酸乳、风味发酵乳、风味酸乳三大类。羊奶风味发酵乳是指以大于80%生羊乳或乳粉为原料，经杀菌、发酵后pH降低，在发酵前或后添加或不添加食品添加剂、营养强化剂、果蔬、谷物等制成的产品。羊奶经乳酸菌发酵后，其膻味会有明显改善，口感、营养价值会有所提升。如蛋白质、脂肪变成细微凝乳粒，更易于消化吸收；乳糖转化为乳酸，可提高机体对钙、磷、铁的利用率；此外益生菌还具有一定的保健功能，能够起到保健肠胃、防衰老、延年益寿、美容的作用。

山羊奶发酵乳特征风味物质：云南农业大学食物资源与乳品科学课题组基于SPME-GC-TOF-MS技术检测山羊奶发酵乳中的挥发性风味物质，并通过多元统计分析确定了山羊奶发酵乳的特征风味物质为2，3-己二酮、3-甲基-2-戊酮、2-癸酮、2，3-丁二酮、丁位辛内酯、甲酸庚酯、乙酸乙酯、苯乙醛、2-甲基丁醛、异戊醛、异戊醇、3-戊醇、1-戊烯-3-醇、丁酸。

山羊奶特征营养物质——生物活性肽：云南农业大学食物资源与乳品科学课题组通过液相色谱-串联质谱（LC-MS/MS）共鉴定出287条水溶性肽，分子量集中在750～1 750 Da；通过活性肽数据库鉴定肽段的一级结构（氨基酸序列），检索到10条潜在的抗氧化肽（KVLPVPQK、Qg-PIVLNPWDQVKR、HIQKEDVPSER、YLgYLEQLLR等），ACE抑制肽有6条（TESQSLT、QEPVLgPVRgPFP、KVLPVPQ、gPVRgPFPII、AL-NEINQFY等），抗菌肽有7条（KЕTMVPK、YQEPVL gPVRgPFPI、TEDELQDKIHP、VLNENLLR、PTVHSTPTTE等），这些肽段主要来自β-酪蛋白、α_{s1}-酪蛋白和α_{s2}-酪蛋白，具有潜在的清除自由基、降血压和抗菌等保健功能。

1. 羊奶酸乳加工工艺流程　原料乳→预处理→添加辅料→均质→杀菌→冷却→添加发酵剂→灌装→发酵→后熟→质检→成品。

2. 羊奶酸乳加工技术要点

（1）原料乳　生产酸羊奶的原料乳主要为生奶，也可以用羊奶粉复原乳，要求原料乳质量合格，关键指标包括相对密度、蛋白质、脂肪含量、杂质度以及非脂乳固体含量、污染物限量、真菌毒素限量、微生物限量等，未检索到生羊乳相关标准，可参考《生乳》GB 19301—2010标准。

（2）预处理　包括预热、过滤、净化、脱气和配料五个环节，其中配料环节中的添加原则如下，①白糖：添加目的是增强风味口感、增加黏度、改善质地，添加量一般为6%～8%，经折算后可适量添加甜味剂。②稳定剂：目的是改善质地和口感，添加量为 0.1%～0.5%，添加稳定剂的种类需考虑酸性条件。

（3）均质　目的是防止脂肪的上浮分离，改善酸奶的稳定性、口感；并改善羊乳的消化、吸收程度。方法是先将羊奶预热到 55～65℃，均质压力为 17～20 MPa。

（4）杀菌　一般采用 63℃、30 min 或者 85℃、15 s 杀菌，然后快速冷却，其温度因不同的菌种而异。

（5）添加发酵剂　发酵剂是指制造发酵产品所用的特定微生物培养物，目前常用的发酵剂种类分直投式发酵剂（经高密度培养、冷冻干燥而成的粉状产品）和继代式发酵剂（乳酸菌纯培养物、母发酵剂和生产发酵剂）。酸奶发酵剂菌种有下列两种：保加利亚乳杆菌和嗜热链球菌，其比例通常为 1∶1 或 1∶4。诸如山羊奶、水牛奶、牦牛奶等特色奶生产酸乳时，由于其脂肪、蛋白含量和结构差异，可筛选其他乳酸菌作为发酵剂菌种，配合使用。

根据菌株发酵温度不同，将杀菌乳冷却到（45±1）℃（如保加利亚乳杆菌和嗜热链球菌）。直投式发酵剂的添加方法是按照说明书规定添加，继带式发酵剂则是根据活力的不同（0.7%～1%），将发酵剂充分搅碎后，按照原料乳 2%～4% 的比例加入，混合均匀。此时可加入适量的香料。

（6）灌装　生产凝固型酸奶时，先进行灌装，灌装容器应根据市场、消费者的需要而异；通常采用全自动玻璃瓶灌装机、无菌砖形盒包装机等，包装容器应预先进行消毒处理。

（7）发酵　采用保加利亚乳杆菌和嗜热链球菌的混合发酵剂时，发酵温度一般为 42℃，发酵时间一般 3～8 h，当酸度达到 0.7%～0.8%（乳酸度）或 80～90°T 时，抽样观察，打开瓶盖缓慢倾斜瓶身，如流动性变差，且有微小颗粒出现，即可从发酵室内取出。发酵酸味主要来自乳酸、柠檬酸，发酵香味主要有乙醛、丁二酮等。

（8）冷藏后熟　发酵后的酸凝乳应移入 0～5℃ 的冷库中后熟 24 h，冷却至（5±1）℃，冷藏期间酸度还会稍有增加，至出厂时酸度可达 0.8%～0.9%。储运销售过程中注意避免振动，以免乳清析出影响产品质量。

（9）质检成品　根据酸羊乳标准进行检验，合格后方能出厂销售，未检索到酸羊乳的相关标准，质检相关指标可参照发酵乳（GB 19302—2010）的国家标准。

A. 感官要求：应符合表 10-8 的规定。

表 10 - 8　感官要求

项目	要求		检验方法
	发酵乳	风味发酵乳	
色泽	色泽均匀一致，呈乳白色或微黄色	具有与添加成分相符的色泽	取适量试样置于 50 mL 烧杯中，在自然光下观察色泽和组织状态。闻其气味，用温开水漱口，品尝滋味
滋味、气味	具有发酵乳特有的滋味、气味	具有与添加成分相符的滋味和气味	
组织状态	组织细腻、均匀，允许有少量乳清析出	具有添加成分特有的组织状态	

　　B. 理化指标：应符合表 10 - 9 的规定。

表 10 - 9　理化指标

项目	指标		检验方法
	发酵乳	风味发酵乳	
脂肪[a]，g/100 g	≥3.1	≥2.5	GB 5413.3
非脂乳固体，g/100 g	≥8.1	—	GB 5413.39
蛋白质，g/100 g	≥2.9	≥2.3	GB 5009.5
酸度，°T	70.0		GB 5413.34

注：[a]仅适用于全脂产品。

　　C. 污染物限量：应符合 GB 2762 的规定。

　　D. 真菌毒素限量：应符合 GB 2761 的规定。

　　E. 微生物限量：应符合表 10 - 10 的规定。

表 10 - 10　微生物限量

项目	采样方案[a]及限量（若非指定，均以 CFU/g 或 CFU/mL 表示）				检验方法
	n	c	m	M	
大肠菌群	5	2	1	5	GB 4789.3
金黄色葡萄球菌	5	0	0/25 g（mL）	—	GB 4789.10
沙门氏菌	5	0	0/25 g（mL）	—	GB 4789.4
酵母	≤100				GB 4789.15
霉菌	≤30				

注：[a]样品的分析及处理按 GB 4789.1 和 GB 4789.18 执行。

　　F. 乳酸菌数量：应符合表 10 - 11 的规定。

表 10 - 11　乳酸菌数

项目	限量〔CFU/g（mL）〕	检验方法
乳酸菌数量ª	$\geqslant 1 \times 10^6$	GB 4789.35

注：ª发酵后经热处理的产品对乳酸菌数不作要求。

G. 食品添加剂和营养强化剂质量：应符合 GB 2760 和 GB 14880 的规定。

（四）羊奶粉的加工

羊奶粉是以生羊乳为原料，经预处理、标准化、真空浓缩、加热或冷冻喷雾干燥的方法，除去乳中几乎全部的水分，干燥而成的粉末，产品具有保质期长、轻便等特点。根据原料和加工方法的不同，有全脂奶粉、脱脂奶粉、加糖奶粉、调制（配方）奶粉、速溶奶粉等。羊奶粉因其独特的口感和营养价值，深受消费者欢迎。为满足不同人群的营养需求，目前市售羊奶粉种类主要有中老年高钙高铁羊奶粉、婴幼儿配方羊奶粉和普通羊奶粉。

1. 羊奶粉的加工工艺流程　原料乳的收购与验收→乳的预处理和标准化→乳的均质与杀菌→浓缩（真空）→喷雾干燥→出粉、冷却→包装→质检→成品。

2. 羊奶粉的加工技术要点

（1）生羊乳　一般在奶农集中的地区设立收奶点，经初检后，用奶桶和槽车两种方式运回工厂。原料乳的质量，主要通过感官、理化和微生物、卫生检验。未检索到生羊乳相关标准，可以参考《生乳》（GB 19301—2010）国家标准。

（2）原料乳的预处理和标准化

①预处理：目的是除去乳中杂质，生产出优质的奶粉。方法是先用普通过滤器，滤除乳中颗粒较大的杂质，如毛发、尘土等，再用离心净乳机除去乳中的细小污物，如上皮细胞、白细胞等。

②标准化：目的是符合国家对奶粉中脂肪、蛋白含量的要求，使全脂奶粉符合相关标准。

③均质和杀菌：均质的目的是把脂肪球打碎，使乳成分均匀细腻，以提高奶粉溶解性、风味等，一般是通过均质机完成均质。杀菌的目的是杀灭乳中的微生物，破坏乳中酶活性，以利于真空浓缩保证产品卫生质量和延长贮藏期。工厂化生产乳粉，大多采用高温短时杀菌法，即 85℃、15 s 杀菌。

④浓缩：通常采用真空浓缩，目的是除去乳中 70％～80％的水分，以便于喷雾干燥，提高产品的溶解性，保存乳的营养价值，增长产品的贮藏期。真空浓缩的原理是浓缩室在被抽真空后，当压力在 82.46～86.45 kPa 时，羊乳在 45～55℃便会沸腾，水分很快被蒸发，提高了浓缩效率，保存乳的营养价值。当原料浓缩至 12～14°Bé，干物质含量为 40％～45％时浓缩结束。

⑤干燥：通常采用喷雾干燥，其原理方法是采用高压泵和离心力的机械力量，以 1.5～2 MPa 的压力（或 100～150 m/s 的线速度），将浓缩奶通过喷雾器分散成直径为 10～150 μm 的雾状乳滴喷入干燥室，与同时鼓入的热空气充分接触，发生强烈的热交换。由于浓乳雾滴很小，热空气的温度很高（120～180℃），使浓乳中的水分在 0.01～0.04 s 内蒸发完毕，浓乳干燥成粉末，水蒸气通过热风机排除，整个干燥过程仅需 10～30 s。目前工厂化生产奶粉通常采用双效降膜式和多效（3、4、5、7）降膜浓缩新技术，配合有列管式、板式、离心式刮板式蒸发器，提高了浓缩效率。

⑥出粉和包装

A. 出粉：乳经喷雾干燥成乳粉后，应迅速从干燥室中取出并冷却至室温以下。因为干燥室温度较高，底部一般为 60～65℃，会使乳粉氧化，并影响其溶解度和色泽。

B. 包装：严格控制乳粉包装时的温度，要求包装奶粉温度低于 28℃；其次，要控制好包装室的湿度，因乳粉易吸潮而变质；选择适当的包装材料，目前常用的包装材料有复合塑料薄膜袋、马口铁罐、玻璃瓶等；乳粉冷却后应立即进行包装。根据保质期和用途不同，可分为密封罐装、塑料袋小包装或大包装。一般马口铁罐抽真空、充氮包装，保质期可长达 3 年。如果短期内销售，则多采用聚乙烯塑料袋包装，每袋 500 g。大包装奶粉一般供应特别的食品加工者，每袋有 12.5 kg 或 25 kg 包装。包装要求称量准确、迅速，一般采用容量式或重量式自动包装机包装。

⑦羊奶粉的质量标准：不同种类的羊奶粉质量标准不同，可分为以下 3 种：中老年高钙高铁羊奶粉具体可参考明一国际营养品集团有限公司企业标准（Q/FJMY 0208S—2019）；幼儿配方羊奶粉具体可参考明一国际营养品集团有限公司企业标准（Q/FJMY 0503S—2019）；普通成人食用或加工用羊奶粉质量检验标准可参考陕西省地理标志产品富平羊奶粉地方标准（DB 61/T 1114—2017）。具体如下。

明一国际营养品集团有限公司企业标准（Q/FJMY 0208S—2019）：关键指标包括冲调性、相对密度、蛋白质、脂肪含量、碳水化合物、维生素含量、金属元素含量、可选择性成分、污染物及真菌毒素限量指标、微生物限量等。

A. 感官指标：应符合表 10-12 的规定。

表 10-12　感官指标

项目	要求	检验方法
色泽	呈均匀一致的乳黄色	取一个销售包装单位的样品置于白色平盘中，在自然光下观察色泽和组织状态。闻其气味，用温开水漱口，品尝滋味
滋味、气味	具有本品特有的乳香味、微甜、无异味	
组织状态	呈干燥均匀的粉末，无结块	
冲调性	冲调时湿润下沉快，冲调后无团块，均匀一致	取 150 mL 烧杯加入温度为 50℃的温开水 80 mL，称取 20 g 样品进行冲调，搅拌均匀后，观察分散溶解状况

B. 营养素指标：应符合表 10-13 的规定。

表 10-13　营养素指标

项目	指标	检验方法
能量[a]，kJ/100 g	≥1 680	—
蛋白质，g/100 g	≥16.5	GB 5009.5
脂肪，g/100 g	≤18.5	GB 5009.6
碳水化合物[b]，g/100 g	≥45.0	—
维生素 A，μg/100 g	300~900	
维生素 D，μg/100 g	6.3~12.5	GB 5009.82
维生素 E，mg/100 g	10.0~31.0	
维生素 B_6，mg/100 g	0.8~1.6	GB 5009.154
铁，mg/100 g	6.0~20.0	GB 5009.90 或 GB 5009.268
锌，mg/100 g	4.0~7.0	GB 5009.14 或 GB 5009.268
钙，mg/100 g	800~1 220	GB 5009.92 或 GB 5009.268
钠，mg/100 g	≤450	GB 5009.91 或 GB 5009.268

注：[a]能量的计算按每 100 g 产品中蛋白质、脂肪测定值，碳水化合物、膳食纤维计算值，分别乘以能量系数 17 kJ/g、37 kJ/g、17 kJ/g、8 kJ/g，所得之和为千焦/100 g（kJ/100 g）值。

[b]碳水化合物的含量 A1，按式（1）计算：

$$A1=100-(A2+A3+A4+A5+A6) \quad\cdots\cdots\cdots\cdots\cdots\cdots\cdots\cdots\cdots\cdots（1）$$

式中：A1 为碳水化合物的含量，g/100 g；A2 为蛋白质的含量，g/100 g；A3 为脂肪的含量，g/100 g；A4 为水分的含量，g/100 g；A5 为灰分的含量，g/100 g；A6 为膳食纤维的含量（以添加的低聚糖计），g/100 g。

C. 可选择性成分：应符合表 10－14 的规定。

表 10－14　可选择性成分

项目	单位	指标	检验方法
维生素 C	mg/100 g	30.0～100.0	GB 5413.18
硒	μg/100 g	14～28	GB 5009.93 或 GB 5009.268
镁	mg/100 g	30～110	GB 5009.241 或 GB 5009.268
铜	μg/100 g	300～750	GB 5009.13 或 GB 5009.268
锰	μg/100 g	30～430	GB 5009.242 或 GB 5009.268
叶酸	μg/100 g	200～500	GB 5009.211
牛磺酸	mg/100 g	30～50	GB 5009.169
左旋肉碱	mg/100 g	30～40	GB 29989
膳食纤维（以添加的低聚糖计）[a]	g/100 g	≤6.45	按原料计算
低聚半乳糖[b]	g/100 g	≤6.45	按原料计算
低聚异麦芽糖[b]	g/100 g	≤6.45	按原料计算
乳铁蛋白	g/100 g	≤100	按原料计算
植物甾醇	g/100 g	≤2.5	按原料计算
动物双歧杆菌（Bb－12）	g/100 g	≥10^6	GB 4789.34

注：[a]低聚糖来源于配料中添加的低聚异麦芽糖与低聚半乳糖。
[b]单独或混合使用，该类物质总量不超过 6.45 g/100 g。

D. 营养素指标：应符合表 10－15 的规定。

表 10－15　理化指标

项目	指标	检验方法
水分，%	≤5.0	GB 5009.3
灰分，%	≤5.0	GB 5009.4
杂质度，mg/kg	≤16	GB 5413.30

E. 污染物及真菌毒素限量指标：应符合表 10－16 的规定。

表 10－16　污染物及真菌毒素限量指标

项目	指标	检验方法
铅（以 Pb 计），mg/100 g	≤0.5	GB 5009.12 或 GB 5009.268
总砷（以 As 计），mg/100 g	≤0.5	GB 5009.11 或 GB 5009.268
铬（以 Cr 计），mg/100 g	≤2.0	GB 5009.123 或 GB 5009.268
亚硝酸盐（以 $NaNO_2$ 计），mg/100 g	≤2.0	GB 5009.33
黄曲霉毒素 M1（折算为生乳汁），μg/kg	≤0.5	GB 5009.24

F. 微生物限量：应符合表 10 - 17 的规定，其中菌落总数指标要求严于GB 19644 的规定。

表 10 - 17　微生物指标

项目	采样方案[a]及限量（CFU/g）				检验方法
	n	c	m	M	
菌落总数[b]	5	2	30 000	50 000	GB 4789.2
大肠菌群	5	1	10	100	GB 4789.3
金黄色葡萄球菌	5	2	10	100	GB 4789.10
沙门氏菌	5	0	0/25 g	—	GB 4789.4

注：[a] 样品的分析处理按 GB 4789.1 和 GB 4789.18 执行。

[b] 不适用于添加活性菌种（好氧和兼性厌氧乳酸菌）的产品〔产品中乳酸菌的活菌数应≥10^6CFU/g〕。

G. 食品添加剂和营养强化剂食品添加剂：应符合 GB 2760 和 GB 14880的规定。

H. 净含量及其检验：应符合《定量包装商品计量监督管理办法》的规定，净含量检验按 JJF 1070 执行。

I. 生产加工过程的卫生要求：应符合 GB 12693 的规定。

明一国际营养品集团有限公司企业标准（Q/FJMY 0503S—2019）：关键指标包括冲调性、相对密度、蛋白质、脂肪含量、碳水化合物、维生素含量、烟酸、叶酸、金属元素含量、无机元素含量、可选择性成分、污染物指标及微生物限量等。

A. 感官指标：应符合表 10 - 18 的规定。

表 10 - 18　感官指标

项目	要求	检验方法
色泽	呈均匀一致的乳黄色	取 1 个销售包装单位的样品，打开外包装，将适量内容物置于白色瓷盘中先嗅其气味，在自然光下观察其组织形态、杂质及色泽。取 250 mL 烧杯加入 50℃左右的温开水 100 mL，称取 15 g 样品，按产品标签中冲调说明进行冲调，观察其冲调性，温开水漱口后，品尝其滋味
滋味、气味	具有本品特有的香味，无异味	
组织状态	呈干燥疏松的粉末，无结块	
冲调性	冲调后下沉快，冲调后呈均匀乳液	

B. 营养素指标：幼儿配方羊奶粉每 100 kJ 所含营养素应符合表 10 - 19 规

定。即食状态下幼儿配方羊奶粉每 100 mL 所含有的能量应在 250～355 kJ。反式脂肪酸含量不得超过总脂肪酸的 3%。

表 10 - 19　营养素指标

项目	单位	指标	检验方法
能量[a]	kJ/100 mL	250～355	—
蛋白质[b]	g/100 kJ	0.7～1.2	GB 5009.5
脂肪	g/100 kJ	0.7～1.4	GB 5009.6
亚油酸	g/100 kJ	≥0.07	GB 5009.168
碳水化合物[c]	g/100 kJ	2.2～3.3	—
维生素 A	mg RE[d]/100 kJ	18～54	
维生素 D[e]	μg/100 kJ	0.25～0.75	GB 5009.82
维生素 E	mg a - TE[f]/100 kJ	≥0.15	
维生素 K_1	μg/100 kJ	≥1.0	GB 5009.158
维生素 B_1	μg/100 kJ	≥11	GB 5009.84
维生素 B_2	μg/100 kJ	≥11	GB 5009.85
维生素 B_6	μg/100 kJ	≥11	GB 5009.154
维生素 B_{12}	μg/100 kJ	≥0.04	GB 5009.14
烟酸（烟酰胺）[g]	μg/100 kJ	≥110	GB 5009.89
叶酸	μg/100 kJ	≥1	GB 5009.211
泛酸	μg/100 kJ	≥70	GB 5009.210
维生素 C	mg/100 kJ	≥1.8	GB 5413.18
生物素	μg/100 kJ	≥0.4	GB 5009.259
钠	mg/100 kJ	≤20	GB 5009.91 或 GB 5009.268
钾	mg/100 kJ	18～69	
铜	μg/100 kJ	7～35	GB 5009.13 或 GB 5009.268
镁	mg/100 kJ	≥1.4	GB 5009.241 或 GB 5009.268
铁，mg/100 g	mg/100 kJ	0.25～0.50	GB 5009.90 或 GB 5009.268
锌，mg/100 g	mg/100 kJ	0.1～0.3	GB 5009.14 或 GB 5009.268
锰	μg/100 kJ	0.25～24.0	GB 5009.242 或 GB 5009.268
钙	mg/100 kJ	≥17	GB 5009.92 或 GB 5009.268
磷	mg/100 kJ	≥8.3	GB 5009.87 或 GB 5009.268
钙磷比值		(1.2～2)：1	—

（续）

项目	单位	指标	检验方法
碘	μg/100 kJ	≥1.4	GB 5009.267
氯	mg/100 kJ	≤52	GB 5009.44
硒	μg/100 kJ	0.48～1.90	GB 5009.93

注：[a]能量的计算按每 100 mL 产品中蛋白质、脂肪测定值，碳水化合物计算值，分别乘以能量系数 17 kJ/g、37 kJ/g、17 kJ/g（膳食纤维的能量系数，按照碳水化合物能量系数的 50% 计算），所得之和为千焦/100 mL（kJ/100 mL）值，再除以 4.184 为千卡/100 mL（kcal/100 mL）值。

[b]蛋白质含量的计算，应用氮（N）×6.25。

[c]碳水化合物的含量 A1，按式（1）计算：

$$A1 = 100 - (A2 + A3 + A4 + A5 + A6) \cdots\cdots\cdots\cdots\cdots\cdots (1)$$

式中：A1 为碳水化合物的含量，g/100 g；A2 为蛋白质的含量，g/100 g；A3 为脂肪的含量，g/100 g；A4 为水分的含量，g/100 g；A5 为灰分的含量，g/100 g；A6 为膳食纤维的含量，g/100 g。

[d] RE 为视黄醇当量。1 μg RE=1 μg 全反式视黄醇（维生素 A）=3.33 IU 维生素 A。维生素 A 只包括预先形成的视黄醇，在计算和声称维生素 A 活性时不包括任何的类胡萝卜素组分。

[e]钙化醇，1 μgRE 维生素 D=40 IU 维生素 D。

[f] 1 mgα-TE（α-生育酚当量）=1 mg d-α-生育酚。

[g]烟酸不包括前体形式。

C. 可选择性成分：指标应符合表 10-20 的规定。

表 10-20　可选择性成分指标

项目	单位	指标	检验方法
胆碱	mg/100kJ	1.7～12.0	GB 5413.20
肌醇	mg/100kJ	1.0～9.5	GB 5009.270
牛磺酸	mg/100kJ	≤3	GB 5009.169
左旋肉碱	mg/100kJ	≥0.3	GB 29989
二十二碳六烯酸/总脂肪酸	%	≤0.5	GB 5009.168
二十碳四烯酸/总脂肪酸	%	≤1	
膳食纤维（以添加的低聚糖计）[ab]	mg/100 g	≤6 450	—
低聚半乳糖[ab]	mg/100 g	≤6 450	附录 A（奶粉中低聚半乳糖的检测）
低聚果糖[ab]	mg/100 g	≤6 450	GB 5009.255
聚葡萄糖	g/100 g	1.56～3.125	GB 5009.245
1,3-二油酸 2-棕榈酸甘油三酯	g/100 g	2.4～9.6	附录 B（1,3-二油酸-2-棕榈酸甘油三酯含量的测定）
叶黄素	mg/100 g	162～423	GB 5009.248

（续）

项目	单位	指标	检验方法
核苷酸（以核苷酸总量计）	mg/100 g	12～58	GB 5413.40
乳铁蛋白	mg/100 g	≤100	附录 C（奶粉中乳铁蛋白的检）
酪蛋白磷酸肽（CPP）	mg/100 g	≤300	附录 D（奶粉中酪蛋白磷酸肽的测定）
动物双歧杆菌	CFU/g	≥10^6	GB 4789.34

注：[a] 低聚糖来源于配料中添加的低聚果糖与低聚半乳糖。

[b] 单独或混合使用，该类物质总量不超过 6.45 g/100 g。

D. 理化指标：应符合表 10-21 的规定。

表 10-21 理化指标

项目	指标	检验方法
水分，%	≤5.0	GB 5009.3
灰分，%	≤5.0	GB 5009.4
杂质度，mg/kg	≤12	GB 5413.30

E. 污染物指标：应符合表 10-22 的规定。

表 10-22 污染物指标

项目	指标	检验方法
铅，mg/kg	≤0.15	GB 5009.12 或 GB 5009.268
锡，mg/kg	≤50	GB 5009.16 或 GB 5009.268
硝酸盐（以 $NaNO_3$ 计），mg/kg	≤100	GB 5009.33
亚硝酸盐（以 $NaNO_2$ 计），mg/kg	≤2	
黄曲霉毒素 M1（折算为生乳汁），μg/kg	≤0.5	GB 5009.24

F. 微生物指标：应符合表 10-23 的规定，其中菌落总数指标要求严于 GB 10767 的规定。

表 10-23 微生物指标

项目	采样方案[a] 及限量（若非指定，均以 CFU/g 表示）				检验方法
	n	c	m	M	
菌落总数[b]	5	2	1 000	9 000	GB 4789.2

（续）

项目	采样方案^a及限量（若非指定，均以 CFU/g 表示）				检验方法
	n	c	m	M	
大肠菌群	5	2	10	100	GB 4789.3
沙门氏菌	5	0	0/25 g	—	GB 4789.4

注：^a样品的分析处理按 GB 4789.18 执行。

^b不适用于添加活性菌种（好氧和兼性厌氧益生菌）的产品〔产品中活性益生菌的活菌数应≥10^6 CFU/g（mL）〕。

G. 食品添加剂和营养强化剂要求：应符合 GB 2760 和 GB 14880 的规定。

H. 净含量：应符合《定量包装商品计量监督管理办法》规定。

I. 生产过程卫生要求：应符合 GB 23790 的规定。

陕西省地理标志产品富平羊奶粉地方标准（DB 61/T 1114—2017），具体指标如下。

A. 感官要求：应符合表 10-24 的规定。

表 10-24　感官要求

项目	要求	检验方法
色泽	呈均匀一致的乳白色	在感官检验室内，取适量试样置于白瓷盘中，在自然光下观察样品的色泽和组织状态及杂质，嗅其气味并用温开水漱口品尝其滋味
滋味、气味	具有羊乳特有乳的香味，滋味微甜、略带咸味，无异味	
组织状态	干燥均匀的粉末，无结块	
冲调性	经搅拌可迅速溶解于水中，背地无沉淀、冲调后无团块	称取 11.80 g（精确到 0.01 g）样品，加入 100 mL 水温为 60℃的温水后，观察其冲调性
杂质	无肉眼可见的外来杂质	

B. 理化指标：应符合表 10-25 的规定。

表 10-25　理化指标

项目	指标	检验方法
水分，g/100 g	≤4.0	GB 5009.3
蛋白质^a，g/100 g	≥非脂乳固体的 34	GB 5009.5
脂肪，g/100 g	≥26.0	GB 5009.6
复原乳酸度，°T	7.0～14.0	GB 5009.239
不溶度指数，mL	≤1.0	GB 5413.29

（续）

项目	指标	检验方法
杂质度，mg/kg	≤12	GB 5413.30
灰分，g/100 g	≤7.5	GB 5009.4
灰分碱度，g/100 g	≤0.2	附录B（灰分碱度的测定方法）
65℃酒精试验	阳性	附录C（65℃酒精试验的测定方法）
氯，mg/100 g	1 100～1 800	GB 5009.44
钾，mg/100 g	1 200～2 100	GB 5009.91
钠，mg/100 g	240～450	

注：ª非脂乳固体（％）＝100－脂肪（％）－水分（％）。

C. 微生物限量：应符合 GB 19644 的规定。

D. 真菌毒素：应符合 GB 2761 的规定。

E. 污染物限量：应符合 GB 2762 的规定。

F. 净含量：应符合《定量包装商品计量监督管理办法》的规定。

（五）羊奶乳饼的加工

乳饼是云南省三大民族传统乳制品之一（乳饼、乳扇和酥油），已有 500 多年的历史。目前云南乳饼的主产地在云南省昆明市石林县的彝族聚居地、曲靖市陆良县、红河州弥勒市、泸西县、开远市，以及大理州北部的剑川、鹤庆一带的白族聚居地。由于乳饼营养丰富，味道鲜美，食用方便，可与奶酪相媲美，故人们称之为"中国式奶酪"，深受国内外消费者的喜爱，具有广阔的发展优势和市场前景。

明清时期云南的特色乳制品，除了大理邓川地区的乳扇，还有路南（今石林县）的乳饼。乳饼的原料是羊奶，据史料记载，在元朝时期，圭山彝族撒尼人就已饲养圭山山羊，圭山山羊属路南地方优良品种，肉乳兼用，既产乳又产肉，用其乳制作的路南乳饼最为闻名。清代及民国时期，路南、宜良、陆良三县的农户均养圭山山羊及擅长制作乳饼。清代及民国时期，撒尼人制作的乳饼极少自己食用，主要是以物易物的方式与汉族商人交换食盐等生活必需品。据民国六年（1917 年）《路南县志》记载："乳饼用羊乳酸化为之，为此方之特产，较宜良所产为多，年约出境万余斤。"传统乳饼，因其采用手工制作，大多在农贸市场销售或自制自食。

1. 传统乳饼的加工技术

（1）传统乳饼的加工工艺流程　鲜羊乳→预处理→加热杀菌→加酸水→搅拌→凝固→排乳清→压榨成型→质检→成品。

（2）传统乳饼的加工技术要点

①生羊乳：生产乳饼的羊乳要求质量合格，要求干物质含量高、成品率高。

②预处理：羊奶预热至（40±2）℃，用纱布沥除杂质。

③加热杀菌：羊奶在煮锅中加热到85～90℃，3～5 min，杀灭乳中的微生物。

④酸水制备：将生产乳饼后的乳清倒在干净容器中，在密封状态下自然发酵产酸（pH为3.5），也可选用醋酸、柠檬酸、苹果酸等有机酸（pH为3.5）作为酸水进行使用。

⑤加酸凝乳：先将生鲜乳倒入锅中，加温至90℃，然后在搅拌条件下加入酸水［羊奶：酸乳清为6：1（V：V）的比例］，充分混合，乳在酸和热的作用下迅速凝固成团。

⑥排乳清、压制成型：将乳凝块捞出，倒入洁净的白布中包裹，压榨排除乳清，趁热取一重物压制成型10 h，一般为当天晚上压制，第2天早上取出成形的乳饼。

⑦成品：压制成型即为成品，传统乳饼，因其采用手工制作，大多在农贸市场销售或自制自食，通常在低温条件下贮藏。

2. 标准化乳饼的加工技术　传统乳饼加工存在的主要问题是作坊式生产，生产工艺不统一，产品质量不稳定。为了改善传统乳饼生产过程中用石块等重物挤压成型、杂菌多、乳饼生产工艺参数不统一和保鲜期较短等制约云南省乳饼产业发展的问题，云南农业大学食品科学技术学院黄艾祥教授等发明了"乳饼成型机（ZL200520146838.8）"（图10-3），黄艾祥教授主持的《乳饼标准化生产关键工艺及设备的研发与推广》项目获得云南省科学技术发明三等奖（图10-4），促进了乳饼的工厂化、标准化生产，目前相关企业已取得SC生产许可证，产品销往各大超市。

（1）标准化乳饼加工工艺流程　生羊乳→预处理→加热杀菌→加酸凝乳剂→保温凝乳→排乳清→压制成型→质检→成品。

（2）标准化乳饼加工技术要点

①生羊乳：乳饼的质量决定于生乳，必须进行认真检验。对生乳有较高的

要求，一般经感官、理化和卫生指标检验（见《生乳》GB 19301—2010 标准）。

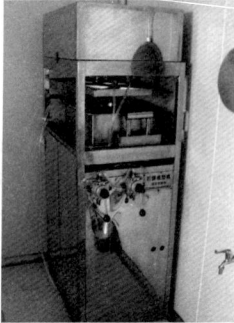

图 10-3　乳饼成型机实物　　图 10-4　云南省科学技术发明三等奖证书

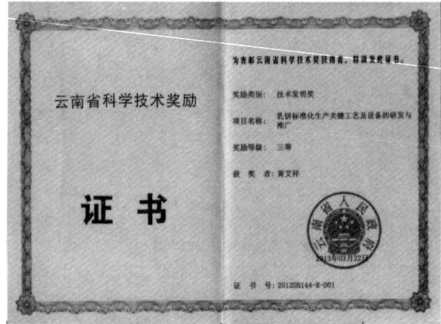

②预处理：包括预热、过滤、净化等，目的是除去乳中的尘埃、杂质、异味。方法是先把乳预热到 40℃，用纱布或细金属网（铜丝网）滤除尘土、毛发、粪屑、饲料等颗粒较大的物质；对一些微小的机械杂质，细菌细胞等需用离心净乳机净化。

③加热杀菌：通常采用夹层锅加热杀菌，85℃、加热 5 min；产量大时也可用板式热交换器 85℃、15 s 杀菌。

④加酸凝乳：一般选用 pH 为 3.5 的酸乳清，按体积比为 1∶6 加入 85℃杀菌羊乳中，混合均匀，静置凝乳至乳清基本澄清。

⑤排乳清、压榨成型：将乳凝块捞出，放入乳饼成型机模具中，启动乳饼成型机压制 5 min，取出模具继续压制 1 h。

⑥包装：取出压制成型的乳饼，放入真空袋中，用真空包装机封口包装，4℃低温贮藏。

⑦质检、成品：依据云南省食品安全地方标准——乳饼（DBS 53/009—2016）进行检验。

A. 感官要求：应符合表 10-26 的规定。

表 10-26　感官要求

项目	要求	检验方法
外观	块状，无霉斑	
滋味、气味	具有乳香味，无异味	将适量样品放入清洁白瓷盘中，自然光线下目视、鼻嗅
色泽	乳白至乳黄色	
杂质	无肉眼可见的外来杂质	

B. 理化指标：应符合表 10 - 27 规定。

表 10 - 27　理化指标

项目	指标	检验方法
水分，g/100 g	≤60	GB 5009.3
蛋白质，g/100 g	≥14	GB 5009.5
总脂肪，g/100 g	≥15	GB/T 5009.6

C. 污染物限量：应符合 GB 2762 的规定。

D. 真菌毒素限量：应符合 GB 2761 的规定，按生乳折算。

E. 微生物限量：应符合表 10 - 28 规定。

表 10 - 28　微生物限量

项目	采样方案[a] 及限量（若非指定，均以 CFU/g 表示）				检验方法
	n	c	m	M	
大肠菌群	5	2	100	1 000	GB 4789.3 平板计数法
沙门氏菌	5	0	0/25 g	—	GB 4789.4
金黄色葡萄球菌	5	2	100	1 000	GB 4789.10 平板计数法
单核细胞增生李斯特菌	5	0	0/25 g	—	GB 4789.30

注：[a] 样品的分析及处理按 GB 4789.1 和 GB 4789.18 执行。

F. 食品添加剂：应符合 GB 2760 的规定。

G. 生产加工过程：应符合 GB 12693 的规定。

H. 其他产品预包装：产品预包装的标签标识应符合 GB 7718 和 GB 28050 的规定。产品应在 4℃ 以下贮存。

（六）高端特色山羊奶产品加工

1. 羊乳干酪的加工　干酪，又名奶酪、芝士，由于奶酪有营养丰富、奶香浓郁、吸收率高、不易致肥、食用方便等特点，所以被誉为"乳黄金"。干酪的国家标准（GB 5420—2021）定义：干酪是在凝乳酶或其他适当凝乳剂的作用下，使乳和/或各类乳品中的蛋白质凝固或部分凝固后，排出乳清，添加食用盐、添加或不添加发酵菌种、食品添加剂和食品营养强化剂，经成熟或不成熟制得的乳制品。

山羊奶奶酪特征呈味物质：云南农业大学食物资源与乳品科学课题组通过代谢组学技术，鉴定到了山羊奶奶酪中的呈味氨基酸包括组氨酸、谷氨酸和精氨酸；风味脂肪酸包括 9 - 癸烯酸、辛酸、花生四烯酸、油酸和 D - 苹果酸。山羊奶奶酪特征营养物质——生物活性肽：山羊奶奶酪蛋白肽具有较高的血管紧张素转换酶（ACE）抑制活性、抗氧化活性和抑菌活性。通过液相色谱—串联质谱（LC - MS/MS）鉴定以及活性肽数据筛选，挖掘到潜在的 ACE 抑制肽 32 条（KIHPFAQAQ、VLPVPQ、gPVRgPFPI、HLPLPLV 等）、抗菌肽 25 条（REQEELNV、TEDELQDK、SAEPTVH、TIASAEPTVH 等）、抗氧化肽 5 条（EDELQDK、RDMPIQ 等）、降糖肽 6 条（EPVLgPVR、LPQ-NILPLT、NPWDQVKR、YYQQRPVAL 等）以及免疫肽 1 条（PVLg-PVR），这些活性肽具有潜在的清除自由基、降血压和抗菌等保健功能。

（1）羊乳奶酪加工工艺流程　羊乳→预处理→标准化→均质→巴氏杀菌→添加发酵剂→加凝乳酶→凝块切割→排乳清→成型（鲜食、发酵）→发酵成熟（发酵型）→质检→成品。

（2）羊乳奶酪加工技术要点

①生羊乳：生产奶酪的羊乳要求质量合格，可参考《生乳》GB 19301—2010 标准进行检验，要求严格控制微生物数量（芽孢）和无抗生素。

②预处理：包括预热、过滤、净化等。先把乳预热到 40℃，用纱布或细金属网滤除尘土、毛发、粪屑和饲料等颗粒较大的物质；对一些微小的机械杂质，如细菌细胞等需用离心净乳机净化。

③标准化：为了保证每批奶酪的成分均一，在加工之前要对原料乳进行标准化处理，主要对酪蛋白与脂肪的比例（C/F）的标准化，一般要求 C/F＝0.7。

④杀菌：为了保障乳蛋白质性质稳定，杀菌温度一般较低，采用 63℃、30 min，或 85℃、15～20 s 杀菌。

⑤添加发酵剂：目的是预酸化、产香；常用的发酵剂菌种主要有乳酸链球菌、乳油链球菌、干酪乳杆菌及保加利亚乳杆菌等，将杀菌乳冷却至 30～32℃后加入 1%～2% 的发酵剂，发酵至酸度 0.18%～0.22%，pH 6.2。云南具有丰富的微生物资源，筛选奶酪发酵剂意义重大，云南农业大学食物资源与乳品科学课题组从酸奶渣中分离一株发酵乳杆菌用于水牛奶干酪的发酵剂，已获得发明专利授权。

⑥添加凝乳酶：有利于降解 κ - 酪蛋白、凝乳，凝乳酶种类对奶酪质量影

响较大，常用的有经典的小牛皱胃酶、微生物凝乳酶、胃蛋白酶和贯筋藤蛋白酶等。方法是用酶活力计算添加量，一般为 30 mL/100 kg，先用生理盐水将酶稀释成 1%～2%的溶液，再添加到乳中，搅匀、静置凝固。

⑦凝块切割：当乳清透明，用食指斜向插入凝块中 3 cm 并向上抬起时，裂缝整齐、无凝块碎片，即可用干酪刀切成 1 cm³ 的小块。缓慢搅拌，升温至 35℃，每 3 min 升 1℃。以促进干酪颗粒收缩、乳清排放。

⑧排除乳清、堆叠发酵：当乳清 pH 达到 5.2～5.5、乳酸度 0.17%～0.18%，干酪粒收缩到一定硬度时，将凝块捞出，排除乳清。将干酪粒堆叠在堆积槽中，进一步发酵软化。

⑨成型：发酵型干酪采用压制成型，在压力 0.5 MPa 条件下制成各种形状。鲜食干酪采用热烫拉伸，如意大利莫扎瑞拉干酪采用热烫拉伸成型。

⑩成熟（硬质发酵干酪）：将盐渍好后的奶酪放置于奶酪成熟室，干酪生产一般需要 2 个月的成熟期，以改善干酪的组织状态、增加干酪的风味。在室温 10～15℃、湿度 90%的条件下发酵，注意定期用温水清洗。

⑪质检、成品：见我国干酪的卫生标准（GB 5420—2021）。

A. 感官要求：应符合表 10 - 29 的规定。

表 10 - 29　感官要求

项目	要求	检验方法
色泽	具有该类产品正常的色泽	取适量试样置于洁净的白色盘（瓷盘或同类容器）中，在自然光下观察色泽和状态。嗅其气味，用温开水漱口，品尝滋味
滋味、气味	具有该类产品特有的滋味和气味	
组织状态	具有该类产品应有的组织状态	

B. 污染物限量：应符合 GB 2762 的规定。

C. 真菌毒素限量：应符合 GB 2761 的规定。

D. 微生物限量：应符合表 10 - 30 的规定。

表 10 - 30　微生物限量

项目	采样方案ª 及限量				检验方法
	n	c	m	M	
大肠菌群，CFU/g	5	2	100	1 000	GB 4789.3

E. 食品添加剂和营养强化剂的使用：应符合 GB 2760 和 GB 14880 的

规定。

2. 高端发酵型乳饼的加工 发酵型乳饼是指采用发酵酸化技术加工而成的乳饼，发酵过程能提升乳饼的生物学价值和风味品质，通过乳酸菌发酵慢酸化，乳饼中游离氨基酸、游离脂肪酸含量增加，生物活性多肽的种类和数量也在增加，提升乳饼的生物学价值，同时能增强乳饼的奶香味和鲜甜味。发酵型乳饼产品质量稳定，富含易于人体吸收的寡肽和游离氨基酸，风味浓郁，经过发酵酸化技术加工后，与传统乳饼相比，发酵型乳饼营养特征优势明显，具有良好的市场前景。

（1）高端发酵型乳饼的工艺流程 羊乳→预处理→巴氏杀菌→添加发酵剂→发酵酸化→热烫凝乳→排乳清→压制成型→质检成品。

（2）高端发酵型山羊奶乳饼的加工技术要点

①生羊乳：生产奶酪的羊乳要求质量合格，可参照《生乳》GB 19301—2010 标准检验，要求严格控制微生物数量（芽孢）和无抗生素。

②预处理：包括预热、过滤、净化等。先把乳预热到 40℃，用纱布或细金属网滤除尘土、毛发、粪屑、饲料等颗粒较大的物质；对一些微小的机械杂质，如细菌细胞等需用离心净乳机净化。

③巴氏杀菌：为了保障乳蛋白质性质稳定，杀菌温度一般较低，采用 63℃、30 min 或 85℃、15～20 s 杀菌。

④添加发酵剂：巴氏杀菌处理完后的原料乳冷却到 37～41℃，添加产酸、产香性能好的嗜酸乳杆菌和蛋白降解能力高的罗伊氏乳杆菌，复配保加利亚乳杆菌和嗜热链球菌（2∶2∶1∶1，V/V），制备直投式发酵剂，菌株的最佳添加量为 0.3%。

⑤发酵酸化：添加直投式发酵剂后，发酵使 pH 达到 4.9。

⑥热烫凝乳：加热 30 min 使温度达到 65℃，酸化后的乳汁酪蛋白聚集，析出乳清。

⑦排乳清：用纱布过滤排除乳清，得到凝乳块。

⑧压制成型：将凝乳块在压力 6.0～6.5 kPa、压制时间 4～6 h 的条件下通过乳饼成型机压制成型。

⑨质检成品：参照云南皇氏来思尔乳业有限公司《巴氏杀菌热处理发酵乳饼》企业标准（Q/YHL 0003 S—2020）。

A. 感官要求：应符合表 10-31 的规定。

表 10-31 感官要求

项目	要求	检验方法
外观	块状，无霉斑	取适量试样置于白色盘子（瓷盘或同类容器）中，在自然光下观察色泽和组织状态。闻其气味，用温开水漱口，品尝滋味
滋味和气味	具有该类产品特有的滋味和气味，无异味	
色泽	呈均匀一致的乳白色或微黄色	
组织状态	组织细腻，质地均匀，软硬适中	
杂质	无正常视力可见杂质	

B. 理化指标：应符合表 10-32 的规定。

表 10-32 理化指标

项目	指标	检验方法
水分，g/100 g	≤55	GB 5009.3
蛋白质，g/100 g	≥18	GB 5009.5
脂肪，g/100 g	≥18	GB 5009.6
酸度，°T	≥45	GB 5009.239
游离氨基酸含量，mg/kg	≥180	GB 5009.124

C. 微生物指标：应符合表 10-33 的规定。

表 10-33 微生物指标

项目	采样方案[a]及限量（若非指定，均以 CFU/g 表示）				检验方法
	n	c	m	M	
大肠菌群	5	2	100	1 000	GB 4789.3 平板计数法
沙门氏菌	5	0	0/25 g	—	GB 4789.4
金黄色葡萄球菌	5	2	100	1 000	GB 4789.10 平板计数法
单核细胞增生李斯特菌	5	0	0/25 g	—	GB 4789.30
酵母菌[b]	≤50				
霉菌[b]	≤50				

注：[a]样品的分析及处理按 GB 4789.1 和 GB 4789.18 执行；
[b]不适用于霉菌成熟干酪。

D. 污染物限量、真菌毒素限量污染物：应符合 GB 2762 和 GB 2761 的规定，其中严于食品安全标准的指标限量应符合表 10-34 的规定。

表 10-34　污染物限量、真菌毒素限量

项目	指标	检验方法
铅，mg/kg	≤0.3	GB 5009.12

第二节　圭山山羊肉制品开发

一、概述

山羊肉是一种高蛋白、低脂肪的食品。12 月龄圭山山羊肉水分、干物质、蛋白质和脂肪含量分别为 73.42%、26.58%、21.37% 和 3.86%。山羊肉可提供给人们丰富的钙、磷、铁等元素，精瘦肉脂肪含量在 5%～7%，既可提供给人们所需要的脂肪，又可提高肉品质和增加香味，使人们感到肉质柔软不油腻，适口性好。山羊肉蛋白质中的各种必需氨基酸含量充足，其含量占氨基酸总量的 50%。与理想蛋白质所含的必需氨基酸相比，有 4 种氨基酸含量接近理想蛋白，其余物质含量相差无几。蛋白质的生物价虽不如黄牛，但比水牛高。山羊脂肪的沉积主要集中在肠系膜、肾脏和消化道，皮下脂肪比较少。肉中所含的脂肪酸，以不饱和脂肪酸为多，不饱和脂肪酸对人的营养有好处，其中亚油酸是人体摄入能量所必需的；山羊肉中的胆固醇含量也较低；肌肉中钙的含量比牛肉少，而磷的含量却比牛肉多，特别是小肠中的磷含量几乎是牛的 5 倍，维生素 B_1 和 B_2 的含量山羊肉也比牛肉高。

二、圭山山羊肉产品加工

（一）羊肉干产品加工

羊肉干是我国内蒙古一带传统特色肉类食品，因其营养丰富、风味独特，并且储存期较长、便于携带以及有饱腹感而深受消费者的喜爱。将羊肉制成肉干制品是牧区人民储存羊肉的一种传统方式。传统的羊肉干在加工制作过程中，将修整腌制后的肉条充分利用当地羊肉干加工技术要点，在自然环境条件进行晾晒，从而蒸发干燥掉肉中大部分水分，这种自然干燥方式使肉干制品中的营养成分不被破坏，最大限度地保留了肉的营养价值，加之它独特的风味和口感，受到广大消费者的欢迎和喜爱。

1. 羊肉干加工工艺流程　鲜羊肉→分割整理→预处理→预煮→切片（条）→复煮入味→烘烤或油炸（调味）→保鲜处理→包装→质检。

2. 羊肉干加工技术要点

（1）分割整理　剔除原料肉中的脂肪块、筋腱、淤血及淋巴结等，洗净沥干切成外形规则 0.2kg 的肉块。

（2）预处理　按比例加入除膻剂、增色剂，在肉块中混匀腌 1h。

（3）预煮　在与肉重相当的清水中通过煮锅煮沸 3min 后撇除肉汤上的浮沫，继续煮制 30min 后捞出冷凉切片（条），顺肌丝方向切成薄片（条）尽量大小一致厚薄均匀。

（4）复煮入味　把配制好的调味料（调味料比例按鲜肉重计：混合香料 0.35%、鲜姜 0.5%、鲜橘皮 1%、白糖 3%、味精 0.15%、花椒粒 0.2%、干辣椒 0.2%、胡椒粒 0.2%、食盐 2.3%），用纱布包好入适量水中（为原料肉的 40%）煮沸 20min，再加入切好的原料肉（此时以水刚好淹没原料肉为好，不足部分加原羊肉汤）先用大火煮制，等汤快干时改用文火加入肉重 2% 的高度白酒快速炒干起锅，根据需要生产各种口味的羊肉干。注意使用易蒸发水分的扁平锅，复煮时间控制在 1h。

（5）烘烤或油炸（调味）　不同口味的肉干此加工步骤不尽相同，具体如下：

A. 麻辣肉干：①油炸：将复煮炒干的羊肉片投入 130℃ 的植物油锅中油炸至手捏硬度适中，脆而不焦时起锅（10min，根据实际加工过程调整）。②调味：将油炸好的肉片凉至 60℃，按比例拌入麻辣调味粉和熟植物油（注意油的保鲜）翻拌均匀。辣椒粉、花椒粉等需经消毒后使用。

B. 五香肉干：将复煮入味好的羊肉片加入适量的五香粉、姜黄粉拌匀后入 70℃ 的恒温烤箱中烤干。

C. 香酥型肉干：经油炸好的羊肉片再入锅中文火炒，同时加入香脆的芝麻、碎花生粒及糖粉制成香酥回甜的肉干。

D. 烧烤型肉干：将复煮入味好的羊肉片再入文火中烘烤炒干，拌入配制好的烧烤用调味粉后，入 70℃ 的恒温烘烤箱中烤干。

（6）保鲜处理　常温下，普通塑料袋包装中肉干制品的货架期仅为 3 个月，不利于产品销售，故对羊肉干进行增长保存期处理。一方面，严格生产过程的质量管理，如直接使用在肉干里的原料须经消毒处理，肉干在冷却、包装过程中要求环境经消毒处理清洁卫生；另一方面，对肉干进行保鲜处理重点进行防霉、防哈处理，使其保质期达到 5 个月甚至更久。

（7）包装　包装处理时麻辣、香酥肉干宜采用真空包装。

（8）质检　目前未见羊肉干产品质量检验标准，可参考《牦牛肉干》（GB/T 25734—2010）国家标准检验。

A. 感官要求：应符合表 10 - 35 的规定。

表 10 - 35　感官要求

项目	要求
形态	呈片、条、粒等形状，同一品种的厚薄、长短基本一致，表面可有（见）细微肉纤维或香辛料，无明显结缔、脂肪组织
色泽	按配料不同，呈棕黄色或褐色、黄褐色等，无霉斑、无焦斑
滋味与气味	具有该品种特有的香气和滋味、甜咸适中

B. 理化指标：应符合表 10 - 36 的规定。

表 10 - 36　理化指标

项目	指标
水分（g/100 g）	≤20
总糖（以蔗糖计）（g/100 g）	≤32
食盐（NaCl）（%）	≤6.0
脂肪（g/100 g）	≤8.0
蛋白质（g/100 g）	≥45.0
氯化物［以氯化物（Nacl）计］（g/100 g）	≤5.0
无机砷（As），mg/kg	符合 GB 2726 的规定
铅（Pb），mg/kg	符合 GB 2726 的规定
镉（Cd），mg/kg	符合 GB 2726 的规定
总汞（以 Hg 计），mg/kg	符合 GB 2726 的规定
亚硝酸盐	符合 GB 2726 的规定

C. 微生物指标：符合表 10 - 37 的规定。

表 10 - 37　微生物指标

项目	指标
总菌落数，CFU/g	符合 GB 2726 的规定
大肠菌群，MPN/100 g	符合 GB 2726 的规定
沙门氏菌	符合 GB 2726 的规定
金黄色葡萄球菌	符合 GB 2726 的规定
志贺氏菌	符合 GB 2726 的规定

D. 净含量：应符合《定量包装商品计量监督管理办法》规定。

（二）羊杂软罐头产品加工

传统的羊肉食用方法不仅烦琐而且季节性强，羊杂软罐头由于采用了新工艺，羊肉及其副产品的保健效能明显提高，食用起来同方便面一样方便快捷。产品特点是色泽清淡，香气浓郁，味道醇厚，咸淡适中，肉质鲜嫩，无不良气味。

1. 羊杂软罐头加工工艺流程　原料预处理→装袋密封→高温高压灭菌→配装袋→质检→成品。

2. 羊杂软罐头加工技术要点

（1）原料预处理　将羊的各种内脏器官及其他副产品原料处理洗净后，根据重量及羊的器官性质分别放入锅内进行预煮，加水比例为 1∶1，以浸没原料为准。羊肚和羊肠预煮，100 kg 原料加入食盐 4.5 kg、鲜姜 200 g、青葱 1 kg、黄酒 0.5 kg、八角 200 g、小茴香 100 g、桂皮 200 g，加水预煮 20 min，捞出沥干水分。羊肝和羊肺预煮，100 kg 原料在水中加入食盐 4.5 kg、鲜姜 150 g、葱 1 kg、黄酒 0.4 kg、味精 50 g，水沸后羊肝浸烫 5 min，肺 20 min，因肺容易上浮，需用箅子盖压。羊心、舌、肾预煮，调味料用量同羊肝和羊肺，预煮时间为 10 min。

（2）装袋密封　将切好的片状或条状的羊杂按一定比例配好，然后按包装袋规格称量并装入 PET/PA/CPP 耐高温（135℃）复合蒸煮袋内，真空包装。羊的各种内脏器官及其他副产品因品种、个体大小不同而不尽相同。

（3）高温高压灭菌　装袋封口后要尽快杀菌。杀菌温度为 115℃恒温 35 min，杀菌压力为 0.2 MPa，恒温结束后保持杀菌釜压力进行降温，待杀菌釜温度降至 35℃后方可降压，防止降温过程中压力骤减导致产品爆袋。杀菌操作规程要严格执行，以免引起次品。

（4）配装袋　在印有符合国家标准要求的外包装袋内，装入真空包装好的 50 g 重的羊杂袋包，调料包 1 小袋（重 8 g）及油料包 1 小袋（重 12 g）后封口，即为成品。调料包的配方：食盐 70.0%，味精 8.2%，姜粉 1.6%，蒜粉 4.2%，脱水葱 8.0% 和脱水芫荽 8.0%。肉香型油料包配方：羊肉粉 66%，浓缩羊肉汤 20% 和辣椒油 14%；其中，羊肉粉的制作方法是将肉清洗后切成 3 cm 方、2 mm 厚的薄片，放入少量酱油，浸渍 5 min，于 180℃ 的烘烤箱中烘烤 0.5 h，再在 60℃ 温度下烘干后磨粉，粒度控制在 50～200 目；把磨好粉的一半放入等量的羊油中，加热熔化，搅拌均匀后，在 140℃ 下加热 5 min 赋香，然后与余下的肉粉混合待用。

（5）质检　罐头变质的原因主要有胀听变质、锈听变质、内部食物变色、内部食物变质、内部物质结构松离。能保证产品在制作过程中，罐身应使用优质的马口铁三片罐、抽气完全形成真空且内部食品 pH 接近中性偏酸的合格品罐头，可以保存 1 年。质检标准可参考原味鲜（宁夏）食品有限公司《牛羊肉软罐头系列》企业标准（Q/NYWX 0001S—2021），主要包括感官指标，固形物指标等。

A. 感官指标：应符合表 10-38 的规定。

表 10-38　感官指标

项目	指标	检验方法
色泽	具有相应品种牛羊肉软罐头系列应有的色泽，色泽正常	取适量试样置于白色盘子（瓷盘或同类容器）中，在自然光下观察色泽和组织状态。闻其气味，用温开水漱口，品尝滋味
组织形态	包装完好、无泄漏，组织紧密、柔软，软硬适中，无肉眼可见外来杂质	
滋味气味	具有相应品种应有的滋味与气味，无异味	

B. 理化指标：应符合表 10-39 规定。

表 10-39　理化指标

项目	指标	检验方法
食盐（以 NaCl 计）/%	≤7.0	GB 5009.44
固形物/%	≥55	GB/T 10786

C. 卫生指标：应符合 GB 7098 的规定。

D. 食品添加剂质量：应符合相应标准和有关规定。食品添加剂的使用品种和使用量应符合 GB 2760 规定。

E. 生产加工过程：卫生要求应符合 GB 8950 的规定。

（三）腌腊羊肉产品加工

腌腊羊肉顾名思义就是一种用羊肉制作的腊肉。腊羊肉一直在民间流传，民间或有生意人将其推向市场，亦多以作坊式制作，小本经营为主。到了清代，煮制腊羊肉的技术已达至炉火纯青的程度。

1. 腌腊羊肉加工工艺流程　原料处理→上盐腌制→调味腌制→晾挂风干→质检→成品。

2. 腌腊羊肉加工工艺要点

（1）原料处理　选用卫生检验合格的羊肉切成 1.5～2.0 kg 重的肉块，剔去骨头，修去碎肉使外观整齐，准备腌制。

（2）上盐腌制　把鲜肉重 2%～3% 食盐混合均匀，取 2/3 涂在肉块上，肉薄处少撒，肉多处多撒；为使腌制快而均匀，可用竹签在肉厚处穿刺后再涂擦食盐，在 5℃ 下腌制 4 d，2 d 后翻一次。

（3）调味腌制　将其余 1/3 食盐和香辛料加入与香料相同体积的水中熬制20 min，冷却后加入肉中，混合均匀，再腌制 2 d 即可。

（4）晾挂风干　将腌好的羊肉穿上线绳，挂在竹签上，置于阴凉通风处晾挂风干，待羊肉坚实、内外一致时，即可质检，修整上市。

（5）质检　目前未见腌腊羊肉产品质量检验标准，可参考国家标准《腌猪肉制品》（GB 2730—2015）。

A. 感官要求：应符合表 10 - 40 的规定。

表 10 - 40　感官要求

项目	要求	检验方法
色泽	具有产品应有的色泽、无黏液，无霉点	取适量试样置于白瓷盘中，在自然光下，观察色泽和状态，闻其气味
组织形态/性状	具有产品应有组织形态、性状，无正常视力可见的外来异物	
滋、气味	具有产品应有的气味	

B. 理化指标：应符合表 10 - 41 的规定。

表 10 - 41　理化指标

项目	指标	检验方法
过氧化值（以脂肪计）/（g/100 g）		
火腿、腊肉、咸肉、香（腊）肠	≤0.5	GB 5009.227
腌制禽制品	≤1.5	
三甲胺氮/（mg/100 g）		
火腿	≤2.5	GB 5009.179

C. 污染物限量：应符合 GB 2762 的规定。

D. 食品添加剂的使用：应符合 GB 2760 的规定。

（四）红烧羊肉

红烧山羊肉是历史悠久的西北风味菜。中国人食用羊肉的历史可追溯至春秋战国时期，也会在祭祀祖先的时候使用。羊《大戴礼记·第五十八》中有记载："诸侯之祭，牲牛，曰太牢；大夫之祭，牲羊，曰少牢"。宋代烹饪技术进步，菜式丰富，红烧羊肉开始出现在酒家食肆和家庭小灶。现在，红烧羊肉已经广泛出现在全国各地的餐桌上。

1. 红烧羊肉的加工工艺流程　原料预处理（清洗、切块）→原料焯水→卤煮调味→装盒→冷却→金属检测→包装→灭菌→质检。

2. 红烧羊肉的加工工艺要点

（1）清洗　生产前将羊肉用自来水清洗，洗去血水、表皮污渍与残留毛屑。清洗完的原料立即进入下道生产工序，过程不得积压。

（2）切块　将清洗后的原料，剁切为块形备用，块形为 2～3 cm。

（3）焯水　预处理后的原料要马上进行焯水，先将锅中放入足量的自来水，加入 0.5% 的姜片和蒜瓣，加热煮沸，再加入预处理后的山羊肉烧煮至微沸，加入 1% 的黄酒后焯水 5 min，捞出放入冷却水中，冷却后捞出沥干水分。焯水可使山羊肉脱水、去膻味和除杂。

（4）卤煮调味　烧制 100 g 白山羊肉之前先加入 2 g 植物油烧沸，再加入 2 g 姜、2 g 蒜、0.3 g 干辣椒调味，炒出香味后，加入焯过水的原料进行翻炒。翻炒过程中加入 40 g 水、3.5 g 白砂糖、2.5 g 老抽酱油、0.8 g 生抽、2 g 黄酒、

0.2 g 鸡精；在所有原辅料下锅后，使用小火焖煮，时间为 30 min，温度为 (95±2)℃；最后起锅前加入 1.2 g 食盐。

（5）装盒　将烧制好的羊肉使用网勺捞至清洁卫生的容器中存放，将烧煮汤汁过滤后备用。使用的包装盒为公司制作的厚度为 2 mm PP 材质塑料碗，这样可以避免带骨羊肉的骨头直接接触包装袋，扎破袋子导致漏气。同时，该材质的塑料碗可以高温蒸煮，也可以微波加热，无毒耐高温，消费者食用时不仅安全且方便快捷。该碗有一定的厚度，碗体设计为许多加强楞，抗压性能强，保证了产品经高温高压后仍能保持良好的外形。山羊肉需要趁热装盒，按照各产品的规格与固形物要求，加入山羊肉和汤汁，装盒后使用盒盖盖严。

（6）冷却　装盒后需要将产品置于 0～7℃的晾凉间进行冷却，冷却时间大于 2 h。

（7）金属检测　产品应逐盒经金属探测仪检测，不得有金属检出（探测仪校准标准模块为 Fe 直径 1.5 mm，Sus 直径 2.5 mm）。

（8）包装　冷却和金属检测后的羊肉连盒装入铝箔袋中，抽真空密封。所采用的铝箔袋材料为 PET/NY/AL/CPP、规格为 120 mm×130 mm，氧气及空气透过率为零。

（9）灭菌　将包装好的山羊肉放入杀菌盘中进行杀菌；杀菌温度为 115℃ 恒温 35 min，杀菌压力为 0.2 MPa，恒温结束后保持杀菌釜压力进行降温，待杀菌釜温度降至 35℃后方可降压，防止降温过程中压力骤减导致产品爆袋。杀菌采用 115℃杀菌，可以避免因 121℃高温杀菌所造成的口感酥烂、肉香味不足、营养流失等缺陷，使用 115℃杀菌即可保证口感风味，又可以使保质期最大限度地延长。

（10）质检　红烧山羊肉具体可以参考湖州市南浔区练市镇湖羊产业协会团体标准《练市红烧羊肉》（T/HYXH 0003—2022）。

A. 感官要求：应符合表 10-42 的规定。

表 10-42　感官要求

项目	要求	检验方法
色泽	具有练市红烧羊肉应有的色泽	
滋味、气味	具有练市红烧羊肉特有的滋味、气味，无异味，无异嗅	符合 GB 2726 规定
组织状态	具有练市红烧羊肉应有的状态，无正常视力可见的外来异物，无焦斑和霉斑	

B. 理化指标：应符合表 10-43 的规定。

表 10-43　理化指标

项目	指标	检验方法
固形物，%	≥90	GB/T 10786
铅（以 Pb 计），mg/kg	≤0.5	GB 5009.12
镉（以 Cd 计），mg/kg	≤0.1	GB/T 5009.15
汞（以 Hg 计），mg/kg	≤0.05	GB 5009.17
铬（以 Cr 计），mg/kg	≤0.1	GB 5009.123
砷（以 As 计），mg/kg	≤0.5	GB 5009.11
N-二甲基亚硝胺，μg/kg	≤3.0	GB 5009.26

C. 微生物限量：应符合表 10-44 的规定。

表 10-44　微生物指标

项目	采样方案及限量（CFU/g）				检验方法
	n	c	m	M	
菌落总数	5	2	10^4	105	GB 4789.2
大肠菌群	5	2	10	102	GB 4789.3
沙门氏菌	5	0	0	—	GB 4789.4
单核细胞增生李斯特菌	5	0	0	—	GB 4789.30

D. 净含量：按中华人民共和国国家质量监督检验检疫总局令〔2005〕年第 75 号《定量包装商品计量监督管理办法》执行。

E. 生产加工过程的卫生要求：应符合 GB 14881 的规定。

第三节　圭山山羊品牌打造和产品营销

农业品牌建设是推动农业高质量发展的重要举措，培育和发展农业品牌有利于提高农业全产业链现代化水平，引导优质资源聚集，带动产业结构优化升级，是促进农民增收、增强农业竞争力的重要途径。农业品牌在促进农业产业提质增效方面取得实效。据测算，相较于 2012 年，2022 年中国农业品牌目录区域公用品牌农产品产量增长近 55%，销售额增长近 80%，带动当地农民收入增长近 65%。从目前我国农业品牌的发展看，呈现如下特点。

一是区域公用品牌、企业品牌与产品品牌发展迅速。农业农村部数据显示，近年来各级农业农村部门深入推进品牌强农，培育了一批有影响力的农业品牌。截至 2021 年年底，全国省级农业农村部门重点培育农产品区域公用品牌约 3 000 个、企业品牌约 5 100 个、产品品牌约 6 500 个。据有关报道，五常大米作为区域公用品牌，2023 年品牌价值达 713.1 亿元。二是农业品牌精品培育和品牌帮扶成效显现。《农业品牌精品培育计划（2022—2025 年）》提出，到 2025 年，聚焦粮油、果蔬、茶叶、畜牧、水产等品类，塑强一批品质过硬、特色鲜明、带动力强，知名度、美誉度、消费忠诚度高的农产品区域公用品牌，培育推介一批产品优、信誉好、产业带动作用明显、具有核心竞争力的企业品牌和优质特色农产品品牌。2022 年，五常大米、恩施土豆、洛川苹果、文昌鸡、金乡大蒜等 75 个品牌被纳入农业品牌精品培育计划。在脱贫地区农业品牌帮扶方面，截至 2022 年年底，农业农村部牵头帮扶 20 个重点县，脱贫地区品牌农产品平均溢价率超过 20%。三是农产品品种、品质和品牌相互融合。在农业农村经济发展过程中，企业品牌快速成长带来市场细分，早期这种细分往往体现了品质差异。近年来，随着农作物新品种不断涌现，知识产权保护力度逐步加大，越来越多的新品种与品牌深度绑定。四是品牌营销和推广能力提升，品牌更新速度大幅加快。在互联网的助推下，农业品牌通过数字化营销推动消费者触达和销量双提升。借助国内外知名展会等平台加大推广力度，采用视频、直播等多种渠道增强传播力，优质农产品受到越来越多的追捧，新的农业品牌也开始崭露头角，其中包括很多新兴的、具有创新性和差异化的农业品牌。培育农业品牌需考虑长期价值，这也要求构建全面的品牌发展策略。五是消费者的品牌参与度持续增加。传统意义上，消费者对品牌的贡献和参与度多依从文化、习惯等因素。但是，随着移动互联网的发展，越来越多消费者的反馈被吸收到农业品牌的培育和发展中。农业品牌培育与消费者反馈之间的关联越发紧密，有的消费者通过短视频等方式直接给厂商发去商品包装和品牌的设计图，还有消费者通过自媒体方式参与品牌推广。

石林县奶山羊养殖为当地特色产业，有悠久的历史传承，且圭山山羊已申请认证了国家地理标识。圭山山羊产品目前主要以鲜奶销售为主，其次是乳粉、奶酪加工，还有少量的乳饼、乳扇加工销售。在生产、管理、营销、品牌打造等各方面均有明显的优势，但当前仍然存在以下几个方面的问题：一是缺少专业技术人才。养殖人员受教育程度低，文化素质普遍不高，缺少有知识、会管理、懂经营的专业技术人才。二是品种结构单一。限制了产品的差异化竞争优势和市场适应性。三是标准化养殖、生产意识薄弱。由于饲养规模多以家庭小型养殖、山区放牧为主，饲草饲料就地取材，混牧也很常见，导致生长性能、产品质量各异。四是羊奶产品精深加工不足。目前云南省只有龙腾乳业独家羊奶粉和羊酸奶加工工厂，其他羊奶均由养殖户以鲜奶销售或以传统工艺制作为乳饼或乳扇销售。养殖户经济效益和积极性随鲜羊奶市场价格起伏不定，严重制约了该产业的健康持续发展。为了发挥产业经济、社会、生态效益，必须建立饲草种植、山羊养殖、肉奶加工、产品销售相配套的产业链。

一、依托农民专业合作社，推动奶山羊产业发展

农民专业合作社作为一种新型农村经济组织形式，具有组织化、专业化和规模化的特点，对推动绿色食品产业发展具有重要作用。农民利用合作社的模式集中资源、共同投资，并共享收益。在具体实践中，农民专业合作社不仅能帮助养殖户掌握科学的养殖技术和环境友好的农业管理方法，保证绿色食品的质量和安全，而且能提供市场信息、加工和包装等服务，帮助养殖户拓宽销售渠道，增加产品附加值。借助农民专业合作社引进高效节能的技术助力养殖户提升生产效率、减少资源浪费，实现可持续发展；组织合作社成员培训，让农民了解最新的生产技术和操作方法、帮助合作社了解市场需求，制订合理的产品定位和推广策略。提升农民的专业素养和管理水平。以实现集体经济效益和个体经济效益的双重增长，有效推动奶山羊产业发展。

二、着力打造县域品牌，助推奶山羊产业可持续发展

石林圭山山羊奶产品有鲜明的地域性特征，适合打造县域品牌。结合部分地区的实践经验，依据其成功的品牌建设路径，可采取如下促进石林县域农产品品牌建设的措施。

（一）明确打造圭山山羊品牌

品牌定位是农产品品牌延伸战略能够开展的关键，对县域农业而言，其品牌定位与当地特色农业资源具有密切的关系，需要以特色农业资源为核心，充分发挥出特色农业资源的优势，从而使得农产品品牌价值提升。石林是世界有

名的旅游胜地，每年有四五百万游客，羊汤锅、鲜奶、乳饼是旅游接待的特色食品，到石林旅游的客人都喜欢吃"石林羊三珍"，而圭山山羊常年生活在冬无严寒、夏无酷暑、干湿分明、四季如春、植被多样的石林圭山山脉地带，与大山深处的彝族人民世代相依。这片独特的地域环境造就了高质量的绿色食品圭山山羊产品。石林县政府可主导畜牧部门培育和发展圭山羊品牌，让新型农业经营主体如合作社、龙头企业等走上标准化生产道路，通过现代工业和数字技术，实现圭山羊产品从养殖加工到餐桌全流程标准化发展。经营主体在品牌打造过程中，推动整个产业形成更成熟的分工体系，优化产业要素投入配置效率，提高产业全要素生产率。圭山山羊产品可通过明确的品牌定位，打造良好的市场竞争力，从而逐渐获得消费者的青睐与认可，提升品牌知名度，促进品牌价值提高。绿色食品作为一种健康、环保的食品，具有很大的市场潜力。龙头企业、合作社可利用品牌建设，凸显绿色食品的优势和特点，以吸引更多的消费者选择圭山山羊产品。合作社应根据本地资源特点，如距昆明市 100 km内的良好地理区位优势，选择羊乳制品进行深加工、包装和保存，形成独特的产品系列，打造具有地域特色的品牌。这样不仅能满足消费者对地道农产品的需求，还能在市场中占据一席之地。利用深加工和包装，可提高农产品的附加值，拓展利润空间。独特的产品系列也能吸引更多的消费者，提高销售量，此外，信任是品牌建设的基础，只有获得消费者的信任，品牌才能长久存在并不断发展壮大。养殖户应注重建立和维护与消费者的良好关系，增强消费者的信任感。合作社可成立消费者俱乐部、组织消费者参观农场等，增加消费者对合作社的了解和认同。合作社还可参加各类展会和农产品推介活动，加强品牌的宣传和推广，提高品牌知名度。总之，要利用多种渠道和方式，不断增加消费者对品牌的认知度，进而增加品牌的影响力和市场份额。

（二）加强品牌的宣传推广

加强品牌的宣传推广是另一个关键策略，政府或经营主体可以采取多样化的宣传手段，提升品牌知名度，扩大市场份额。第一，借助官方网站、社交媒体等渠道，传递品牌理念和产品信息。在官方网站上，展示圭山山羊产品的生产过程、质量检测等，增强消费者对产品的信任感。通过详细的介绍和展示，消费者可全面了解产品的生产过程和质量保障措施，从而增加对产品的信心。合作社可在官方网站上提供在线购买服务，方便消费者购买产品；还可利用社交媒体平台，发布农产品的特点、营养价值等信息，吸引更多消费者的关注。借助社交媒体的传播，合作社可将品牌信息传递给更多的人群，提高品牌知名度。第二，积极参与各类展会、农产品交流会等活动，展示产品并与消费者互动交流。借助现场展示，消费者可更直观地了解产品，感受品牌的实力和诚意，从而产生购买欲望。在展会和交流会上，合作社可展示养殖过程，讲解产品的特点和优势，与消费者进行面对面地交流。通过亲身体验和交流，消费者可更加深入地了解产品的品质和品牌的价值，从而放心购买。第三，可与知名媒体合作开展品牌宣传报道。借助媒体的影响力，将品牌信息传递给更多的人，提升品牌的知名度和美誉度。邀请媒体人士参观养殖基地，介绍品牌的发展历程和创新成果，让消费者了解品牌背后的故事和价值。借助媒体的信誉和影响力，提高品牌的知名度和认可度，从而吸引更多消费者购买。

参 考 文 献

常建伟，关宏，阎凤祥，等，2014. 性成熟前羔山羊卵泡的激素诱导及生殖激素水平测定
　　[J]. 中国草食动物科学（S1）：187-189.

邓玉利，2023. 羊的饲养管理与保健 [J]. 北方牧业（14）：22.

顾建勤，刘兴龙，于倩，2012. 羊奶软质奶酪关键工艺及成熟特性的研究 [J]. 食品工业
　　科技，33（14）：279-283.

郭志刚，2016. 浅析山羊的繁殖周期 [J]. 中国畜禽种业，12（6）：75.

洪琼花，邵庆勇，陈松，等，2007. 云岭黑山羊屠宰性能及肉质研究初报 [J]. 中国草食
　　动物（S1）：103-105.

黄艾祥，1998. 特色羊肉干系列产品的研制 [J]. 中国养羊（3）：42-43.

黄承金，2015. 山羊的繁殖技术措施 [J]. 中国畜牧兽医文摘，31（8）：69+25.

黄宇斐，乔勇进，毛新元，等，2017. 红烧山羊肉的加工工艺技术研究 [J]. 农产品加工
　　（2）：29-30+34.

蒋克平，薛科邦，陈学隐，等，1995. 山羊怀孕期补饲对羊绒细度及生产性能的影响 [J].
　　甘肃畜牧兽医（1）：6.

昆明市科技局，2019. 肉羊生产实用新技术 [M]. 昆明：云南科技出版社.

昆明市科学技术委员会，1998. 昆明市科技志 [M]. 昆明：云南科技出版社.

昆明市路南彝族自治县志编纂委员会，1996. 路南彝族自治县志 [M]. 昆明：云南民族出
　　版社：297.

李男，2023. 奶山羊饲养管理技术 [J]. 北方牧业（12）：29.

李瑞远，2019. 圭山山羊饲养技术要点 [J]. 南方农业，13（3）：156+158.

李子怡，马茜，李坤林，等，2023. 山羊奶 Mozzarella 干酪工艺筛选及生物活性肽测定
　　[J]. 中国奶牛（4）：33-38.

刘伯河，赵宏，梁国荣，等，2023. 采精种公羊调教技术探析 [J]. 畜牧兽医杂志 42（5）：
　　104-106.

龙勇，黄稳，韩勇，等，2023. 中药渣发酵全混合日粮感官评价及对贵州黑山羊公羔羊腹
　　泻率、采食和反刍行为的影响 [J]. 畜牧与兽医，55（6）：23-29.

栾建启，2013. 高床羊舍设计技术要点 [J]. 中国畜牧兽医文摘，29（7）：58-59.

马琳，魏倩倩，常忠娟，等，2023. 中草药添加剂的药理机制及其对反刍动物繁殖性能影响的研究进展 [J]. 饲料工业，44（6）：51 - 55.

马秀兰，2015. 山羊高床厩养 [J]. 云南农业（5）：69.

毛华明，杨庆然，2020. 龙陵黄山羊 [M]. 北京：中国农业出版社.

毛吉业，2023. 规模化母牛养殖场繁殖成活率提升的技术措施研究 [J]. 畜禽业，4（1）：33 - 35.

齐丽荣，2016. 奶牛手工挤奶的技术要点 [J]. 现代畜牧科技（5）：30.

钱宁刚，2012. 云南高原特色畜禽鱼品种展示六大名羊品种 [J]. 云南农业（4）：66 - 67.

邱阳，薛萍，黄金龙，2018. 规模化羊场生物安全体系的构建 [J]. 现代农业科技（4）：227 - 228.

孙成学，2022. 种公羊的饲养管理 [J]. 吉林畜牧兽医，43（10）：67 - 68.

汤凤霞，乔长晟，张海红，1998. 黄焖羊肉软罐头加工工艺 [J]. 食品工业科技（6）：53 - 54.

唐春勇，唐桂英，崔智龙，等，2023. 南方地区羊粪资源化利用技术推广与研究 [J]. 北方牧业（9）：15.

唐永军，2023. 县域农产品品牌建设对策探讨 [J]. 现代商业（21）：11 - 14.

汪志铮，2016. 羊肉腌腊制品加工技术 [J]. 新农业（19）：34 - 35.

王冲，王均良，雷蕾，2021. 我国北方冬季奶山羊怀孕期的饲养管理要点 [J]. 养殖与饲料，20（10）：45 - 48.

王苗苗，2022. 畜禽养殖场废弃物处理与资源化利用 [J]. 畜牧兽医科学（7）：171 - 172.

王宪山，2006. 浅谈粪污无害化处理技术 [J]. 现代畜牧兽医（10）：25 - 26.

王逸斌，徐莎，侯艳梅，等，2012. 山羊奶的营养成分研究进展 [J]. 中国食物与营养，18（10）：67 - 71.

肖梦林，2022. 山羊奶发酵乳工艺优化及其品质研究 [D]. 昆明：云南农业大学.

徐志强，曹振辉，荣华，等，2012. 云南红骨山羊和非红骨圭山山羊屠宰性能的测定 [J]. 云南农业大学学报（自然科学），27（4）：526 - 529.

杨大隽，郑圣体，2022. 种公羊饲养管理要点 [J]. 养殖与饲料，21（2）：29 - 30.

杨劲松，2021. 畜禽养殖场废弃物处理与资源化利用 [J]. 畜牧兽医科学（电子版）（12）：148 - 149.

杨孟伯，2009. 大足黑山羊卵泡发育规律及发情周期中 FSH、INH 水平的变化 [D]. 重庆：西南大学.

尤佩华，葛加根，金银，2013. 高床圈养羊舍和羊床的建筑技术要点 [J]. 北方牧业（5）：26.

张俊华，刘希凤，毕江涛，等，2013. 屠宰场羊废弃物堆肥基本性质及微生物区系变化 [J]. 干旱地区农业研究，31（1）：152 - 156＋187.

张明新，王春昕，赵云辉，等，2014. 绒毛用羊环境控制与圈舍设计发展战略 ［J］. 中国草食动物科学（S1）：381-383.

张文远，杨保平，2014. 肉羊饲料科学配制与应用 ［M］. 北京：金盾出版社.

张孝，2022. 畜禽养殖场废弃物处理与资源化利用 ［J］. 畜牧兽医科学（电子版）（4）：147-148.

张莹，黄绍义，达永仙，等，2016. 圭山山羊种质特性探究 ［J］. 黑龙江畜牧兽医（22）：101-102.

赵慧菊，2023. 湖羊饲养管理技术 ［J］. 四川畜牧兽医，50（7）：47-48+50.

赵庆福，1995. 山羊的繁殖规律 ［J］. 北京农业（10）：31.

周勇，张想峰，2014. 浅谈粪便无害化处理及污染源控制常见技术 ［J］. 新疆畜牧业（9）：43-44.

朱芳贤，2007. 山羊无公害养殖技术 ［M］. 昆明：云南科技出版社.